新時代・心王道

創造價值・利益平衡・永續經營

Wangdao
for New Era

施振榮——著　林靜宜——採訪整理

目錄 CONTENTS
新時代・心王道

WANGDAO FOR
NEW ERA

序
以內力外王實現永續

劉兆玄

宏碁集團創辦人施振榮先生創業四十年來，對於現代企業的文化、經營、管理都有獨到的看法，他曾出版過一系列相關的好書，我曾拜讀過《利他，最好的利己》及《微笑走出自己的路》，對他的經驗和智慧欽佩不已。

2015年8月他要再出新書，書名是《新時代・心王道》，書中洋洋灑灑論述了他最近幾年來大力提倡的王道企業文化，從西方企業後現代發展的盲點及瓶頸，談到中國的王道文化如何能在這個新世紀的企業發展中注入新的思考面向和匡修之道，使企業能日新又新、持續經營。

這種企業上的新思維和我本人這幾年在兩岸及國際上推動的「王道與永續發展」有許多共同之處，也有若干地方可以收到相互補充驗證之效。

2010年我受邀在總統府專題演講「中華文化的文藝復興 —— 王道」，提出了「內力外王」的概念，為兩千年以來

的「王」、「霸」之爭,指出一個新的切入點,也為兩千年的「王道」思想做了一次新時代的論述。

無獨有偶,施振榮先生的「王道薪傳班」也在這時間前後成立、開班授課,參加者多為兩岸青年企業的經理人,也有專業的企管人員參與分享經驗,頗獲好評。我應邀在他的班上做過幾次演講,深深感受到振榮兄在王道思想運用到企業經營上的深刻領悟與推廣熱忱。

振榮兄推廣王道經營哲學時經常被問:「施先生,我們身處資本主義的霸道世界,你說的王道真的可行嗎?」在我到各地闡明王道與永續發展的理念時也有類似的詢問,最常遇到的質疑是:「兩千多年前孟子提出王道的論述,兩千年來也沒見到實行過,為何兩千年後還要談王道?」

上個世紀主流的西方資本主義已發揮到極致,以消費刺激成長的衝刺下,西方國家的繁榮達到前所未見的地步,但地球資源的浪費、生態的破壞和貧富的差距也達到前所未見的地步。這些影響人類是否能永續發展的瓶頸,並沒有辦法由西方盛行百年的體制和思維自行調整解決。

2013年我代表中華民國出席捷克「哈維爾2000論壇」,會議主要議題是「資本主義的民主制度仍是全球的追求標的嗎?」我在會中提出「王道」思想,也建議了一些具體的做

法，引起不少學者專家熱烈的討論，但限於時間無法深入。我認為，答案是「內力外王」。

沒有內「力」，外「王」終淪為空談理想，但是歷來有內力者其外必霸，因為其內「力」原就來自「霸」，既霸則更有力，有力就更霸，這是惡性循環。

然而，二十一世紀的人類，沒有空間任由這種霸力循環不斷主宰人類和地球的命運，我們要喚起有「力」的新興國家、企業、社會組織，用它們新興的「力」來行王道，則很快就有全新思維以及「共創、共享、可長、可久」的運作模式出現在社會上、企業中和國際間，為人與人、人與自然之間的互動加入了可持續發展的王道元素，世界將因此改變。

這是一個危機四伏的最關鍵的時代，但也是實踐王道精神的最佳時機。

從二十世紀末以來，新崛起的大國不曾靠發動戰爭而強大（千年來未之有也），網路使新興企業在兩、三年間，累積的產值就能超過馳名百年的老牌國際公司……，這些新興的「力道」如果能成為「王道」的支撐，世界將因此而改變。

宏碁不是世界上最大的公司，但是它有施振榮先生的王道思維做為經營的核心精神，是一種邁向「內力外王」的企業模式，必能走出一條以「創造價值、利益平衡、永續經營」

為核心文化的大道，可長可久。

　　這種思維，對每一個二十一世紀的經營者而言，都能有助於突破因利己極大化而產生的諸多瓶頸及困境，幫助他們建立新世紀可持續經營的企業文化。我樂為這本書作序。

　　　　　　　　　　（本文作者為中華文化總會會長）

學行合一、道術雙融

陳明哲

　　個人有幸在2011年與施先生共同創立王道薪傳班，期望能承傳先人智慧，在變局中培養出兼具人文與專業素養、融合歷史觀與世界觀的企業家，並厚植全球華人企業的競爭力。

　　施先生一生的經歷，可說是王道企業家的最佳行踐寫照。從四十多年前創業，一路引領台灣科技業轉型與提升，到2014年重出江湖推動宏碁第三次再造，始終秉持「做一個有用的人」與「利他就是最好的利己」的初心，以價值創新、互利共榮為基底，為台灣企業尋找突圍與永續之道。

　　因此，本書可說是施先生畢生經營理念與價值體系的具體呈現，不管是心王道的創心修練，或是六面向價值檢視法，都是施先生自身學行合一、道術雙融的成果，值得細思與效行。

　　從全球大局來看，「東風西漸」已經蔚為趨勢，如何重新體認並善用中國傳統的哲學思想，對人類文明將有非常重

要的影響。

王道正是一個與時俱進的管理哲學與策略思維，尤其，面對動態的虛實整合時代，單打獨鬥已不可行，打群架的生態系統競爭成為常態。

若能將王道所揭櫫的懷「儒」（儒＝人＋需）理想時時謹記於心，將「利者，義之和也」、「計利當計天下利」的道理及「天下一家」的理念，徹底貫穿在群智眾享的智聯網或「互聯網＋（家）」平台，華夏智慧必能成為推動人類文明向前邁進的動力引擎。

「跨越與回歸」，過去這幾年，我個人投注大部分心力在深層的文化奠基工程，有幸重濡三十年前修習恩師愛新覺羅毓鋆的「夏」學（夏者，中國之人也），並將它跟企業的經營實務與一般人的日常生活接軌，就是希望正本清源、撥亂反（返）正，並活化老祖宗的智慧，為現今「迷」、「茫」的世代，提供新方向、帶來新生機。

我相信，當企業家能夠融貫夏學的精意與智慧，將傳統哲學思想、西方知識體系與個人的生活行踐結合在一起時，便能「推十合一」、成為稱職的現代「士」（士＝十＋一），對利「義」關係人產生極致貢獻，並奠定企業永續發展的根基。

夏學是中國學問與道統的源（元、原）頭，王道是夏學

的重要底蘊，是企業「士」的基本修為。「王」做動詞更有力「道」，「王者，往（音旺）也，天下之所歸往也」，內聖則外王（旺）。

王道是使企業臻於生生不息的興旺之道，其核心是以「人」為本，奉「元」、依「仁」（仁＝二＋人）行事，也就是「恕」，或是己所不欲、勿施於人，以及將心比心（恕＝如＋心）、換位思考；它既是「原（元）儒」與「夏商」的根本道理，也是我個人首創之動態競爭理論的終極目標。

至於我個人近年來提出的企業「士」概念，更是期許現代企業家具備由內而外、從我到人的「器」質，秉持孟子「士尚志」（志＝士＋心）、孔子「士志於道」的精神，力行王道、反求諸己、回歸本（初）心、天下為公，藉以風行草偃、上行下效，承擔身教言傳的「社會教育家」角色。

施先生在書中提出的「創造價值」、「利益平衡」與「永續經營」王道三大信念，不僅掌握了夏學的精髓，也為企業士指出了一條心、行雙修的途徑。

僅此為序，並與後之來者共勉互勵。

（本文作者為美國維吉尼亞大學講座教授、國際管理學會終身院士暨前主席）

序

永續為終、心為始

李吉仁

自從十八年前，台灣大學開始辦EMBA教育以來，我們就一直在省思，除了教這群企業高階領導人，各種管理邏輯與分析方法外，尚欠缺教授具有華人企業背景與特色的「經營心法」。

回顧現有的主流管理學術研究，絕大多數仍是在股東利益導向（shareholder orientation）的框架下，進行理論與實證的探討，而國內管理學術社群為求國際發表，對於台灣企業攸關、但非主流的經營管理議題，則是興趣缺缺；這也使得上述教學需求，在「空有肥沃土壤、但缺乏有效耕耘」的情形下，系統性的內容至今仍付之闕如。

五年前，在陳明哲教授與施振榮董事長的攜手合作下，創立了以人本理念、中道思想為核心的「王道薪傳班」課程，透過「產學共創、智識傳承」的模式，逐步激盪、焠煉出王道經營思維與實踐經驗，期能成為西方企業經營實務的

另類選擇。

　　簡單的說，王道思維可以化約為三個關鍵環節：創造價值、利益平衡與永續經營，其中特別強調利益相關者（stakeholders），亦即客戶、員工、供應商、股東、社區、社會環境等，在創造價值過程中的共創價值（co-creation value）與動態平衡（dynamic balance）。

　　共創價值強調透過利他思維達成利己的目的，動態平衡的依據則在於有形／無形、直接／間接、現在／未來等六面向的平衡。最後，由於經營環境的動態性變化，企業必須秉持「苟日新，日日新，又日新」的精神，進行變革、轉型與傳承，方能永續經營。換句話說，王道思維是成為企業領導人的全觀式（holistic）思維與內在心法。

　　儘管這些思維看似抽象或理想，但在施先生以其畢生創立宏碁、建立國際品牌、領導三次轉型變革的經驗驗證，加上，透過「王道薪傳班」這個學習平台，所累積的產學對話與實務反思，王道企業的樣貌與可實踐性，逐漸鮮明，本書內容正是王道精神與王道企業經營內涵的具體呈現。

　　個人很榮幸能參與「王道薪傳班」、乃至於後來的「華人企業領導薪傳班」的規劃與教學，不僅深刻感受到施先生「不留一手」的真誠、「人為解決問題而存在」的熱情、「認

　　輸才會贏」的務實風格，更對於他做為一個功成身退的傑出企業家，仍胸懷華人企業如何能順利轉型、基業長青的利他志業，深感佩服。

　　二十一世紀絕對是華人企業的世紀，期望王道思維能夠成為華人企業的共同初心。

（本文作者為台灣大學國際企業學系教授，兼台大創意創業中心與學程主任）

自序
王道之道，常在我心

　　近五年來，台灣對於產業升級轉型的需求愈來愈急迫，也開始關注競爭力、永續發展生生不息等等議題，需要一套值得遵循的系統思維，幫助我們放下包袱、改變想法與習慣。

　　因此，我把2015年定為「王道插秧計畫」元年，除了推出王道經營會計學，還與天下文化合作，推出「王道創值兵法」系列套書，包含一本新書《新時代‧心王道》，以及我從前出過的六本書，經過重新編排，推出修訂版，分別是：《利他，最好的利己》、《勇敢洗腦，思維不老》、《分散管理，智聯雲端》、《典範轉移，順勢變革》、《六面向論輸贏》、《微笑走出自己的路》。

　　王道創值兵法的內涵，包括：一以貫之、以終為始、吐故納新、價暢其流，在這七本書裡都可以看見，只是有些書會又特別側重其中幾項。其中，在六本修訂版套書中，還新增「王道心解」，點出幾個王道思維的要點，也讓大家清楚

理解，無論有沒有「王道」這個名詞，其實我一直以來所做的，都是從王道出發。

這些努力，只有一個共同期望，就是要透過王道，為台灣找到轉型突破的關鍵。

■ 四十年的經驗累積

其實，早在2010年底，我就跟美國維吉尼亞大學講座教授陳明哲，共同提出融合中、西文化的王道精神，還發起王道薪傳班，就是要讓大家了解，王道不是封建制度下的稱王之道，而是可以幫大家建立一套做人、做事的系統思維。

王道是組織的領導之道，它的核心理念是創造價值、利益平衡、永續經營，並透過六面向價值總帳論評估事物的總價值，才能長期平衡發展，達到最大價值。

六面向思維，則包括：有形／無形、直接／間接、現在／未來，而在評估事物總價值時，在有形、直接、現在的顯性價值之外，更重視無形、間接、未來的隱性價值。

這些，是我從四十年企業經營實務中所領悟的道理。

如果西方的企業管理模式是一種「方法」，那麼，王道就是東方心法與西方方法的雙融之道，這個世界需要一個讓

所有人能夠共創價值的新商道。

　　為了推廣王道，我四處演講，經常有人問我：西方資本主義是現在的主流，我們處在這樣的霸道世界，台灣企業放在國際社會上又那麼小，談王道會不會太曲高和寡了？

　　其實，再小的企業，都可以是一個王國。尤其，在多元化的社會中，更創造出許多企業王國，某些跨國企業的影響力之高，並不下於一個國家或經濟體。從這個角度看，在企業推廣王道，並非陳義過高。

　　更何況，西方式的資本主義，在2008年的金融海嘯之後，已經受到許多質疑，同時也開始反思，在那種制度下所創造的價值，是不是真正有用的價值，對社會是否有幫助，還是僅僅讓少數人從中獲利，相對剝削了其他人的利益。

■ 五千年的文化底蘊

　　相較於霸道，經過五千年累積的東方哲學，有深厚的底蘊，醞釀出王道的系統思維。

　　西方過去只重視股東的權益，利己思維慣於霸道行事，贏者通吃，因此產生了資本主義的弊端。為了解決這些後遺症，才由外而內，轉變為兼顧所有利益相關者，從獨重財務

報表與利潤，進而要求公司治理，推動企業社會責任，以達永續經營。

同樣是追求永續經營，東方王道與西方霸道最大的不同，在於王道是由內而外的「心甘情願」，當一個人有了王道的心念，所思所想都不會偏離軌道；影響所及，他所表現出來的態度風範、行為舉止，也都會依循這個軌跡前進。

如果我們觀察全世界的發展，會發現當前的整體機制是有問題的；不管是政治體系或管理系統，領導人或組織對於隱性價值都不夠重視，無心投入足夠的資源來創造隱性價值，組織文化已經偏離了王道。

這樣一來，要追求長期或永續發展就會更加困難；再加上市場競爭、技術演進等客觀環境變化，假使仍用原來的方式創造價值，就會受到很大的挑戰；而一旦無法創造足夠的價值，競爭力衰，甚至還會讓原本的「正」價值變成「負」。

不能創造足夠的價值，做不到利益分享，就不可能永續經營。這個道理，其實是很自然的演進結果，沒有那麼難。

■ 一輩子都在做的事

王道，是我一輩子都在做的事。從創業到現在，我有幾

個基本堅持，像是利他是最好的利己、不留一手、認輸才會贏；也總結出一些企業經營的經驗，包括：反向思考的人生哲學，相信人性本善的管理制度，垂直分工、水平整合，以及虛擬垂直整合的企業運作模式。

諸如此類，都是我這些年累積的心得，可以把它當作一種不變的基本訓練，每天都要放在心上，並且徹底落實。在這本書裡，對於時代的變化有一些新的思維；有些東西，是現在才歸納成王道，當時並沒有這個說法。可是，那個「道」字一直在我心裡，從這些王道套書裡都可以看到。

當然，有些人自己經歷過一些事、體驗過，看到我的書就會覺得心有戚戚焉；如果是完全沒有經歷的人，可能就會看得一知半解。不過，我還是會在書裡盡量交代清楚，我相信這個邏輯存在於大家的心中，只是他還沒有面對過，不能體會；可是，有了那個邏輯，等到事情發生的時候，也許會因為時空變化而有所不同，但還是會有一些參考價值。

高科技產業，或是整個台灣，都面臨了轉型升級的壓力。我希望，雖然各行各業、各個時空不同，但這個思維是原則性的東西，可以提供給大家做為參考，幫每個人都有能力面對不同的挑戰。

施振榮的王道經營系統邏輯

王道心法

〈三大基本信念〉　　　　〈六面向價值總帳論〉

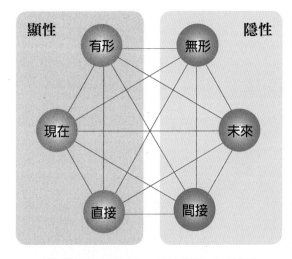

創造價值

利益平衡　　永續經營

顯性　　有形　　無形　　隱性

現在　　　　　　　未來

直接　　間接

隱顯並重・六面平衡・轉換循環・加乘價值

王道工具及推廣活動

- 《新時代・心王道》、「王道創值兵法」系列套書
- 王道創值兵法：一以貫之・以終為始・吐故納新・價暢其流
- 王道經營會計學
- 王道薪傳案例
- 王道實踐文集
- 王道頻道：王道百問、王道十講
- 王道推廣活動：王道薪傳班、王道講堂、王道論壇、周遊王道

CHAPTER 1

重建哲學基礎

王道，
心之所以生、事之所以成、
人之所以治、動之所以起。

第一章

師法東方哲學

道可道，非常道。名可名，非常名。

——老子《道德經》

　　王道，是我這輩子都在實踐的真理，如同亞里斯多德所說的：「吾愛吾師，吾尤愛真理。」只是，四十年前的我，只能隱約感覺自己走在對的方向；四十年後，它竟成為我謝幕（退休）後，不得不重披戰袍，再登舞台的王牌。

　　2013年，我創辦的宏碁集團面臨困局，外界形容它是深陷「侏羅紀公園」式的窘境，是創立以來最黑暗、虧損最大的一年（注1）。

　　11月21日，我重回宏碁擔任董事長兼執行長；老實說，這件事我抗拒許久。宏碁在2011年產生危機，我堅決不介入經營決策，我認為既然交棒了，就不要想再復出，安心放手（注2）；即便是2013年，宏碁因連虧三年，處在最艱困時期，我仍不願回去。

　　掙扎半年之久，最後因我退休後就以公益為人生主軸，自覺必須善盡個人社會責任，不能坐視大家印象中的台灣品牌之光宏碁面臨消失危機，只好勉強回去。

■ 導回王道的正途

　　即便不得不「介入」，我還是希望時間愈短愈好。

　　當時，外界很好奇，很多人問我要怎麼救宏碁？有媒

體下了這麼一個標題：「救宏碁，施振榮手上，還有什麼牌嗎？」

嚴格說來，我不是回去救宏碁，而是把宏碁再導回王道的正途。說穿了，王道就是我手上的牌，而且在改造過程裡，我是攤著牌打牌，找好接班的兩任董事長。

原本，我希望自己在八個月內的時間完成交棒，結果在啃完兩百一十天的饅頭，也就是七個月內，便達成三造宏碁的初步任務，可以功成身退。

推動變革需要將基礎先打好，而我在第兩百一十天（2014年6月18日），完成自己設定的階段性目標，辭去所有職務，只保留宏碁自建雲（BYOC）首席建構師，其他任務就交棒給現任董事長黃少華、執行長陳俊聖。

▌創業以來的信念

王道，其實是我創業時就有的基本信念。

這些年，我不斷在演講與專欄上推行王道，總會有人質疑：「施先生，我們身處資本主義的霸道世界，你說的王道真的可行嗎？」

或許，是老天要給我一個機會，證實王道真的可行。

　　我如何以王道三造宏碁，容後再細述（見第三部），但所有的策略思考，都是吾道一以貫之，在宏碁的企業文化裡，植入創造價值、利益平衡、永續經營的核心DNA。

■ 生命裡不墜的追尋

　　王道師法東方哲學的天地人合一、平衡中庸精神，它是生命意義之道。

　　生命是什麼？生命就是萬物眾生，囊括個人以及個人組成的團體、組織、企業、社會、國家與全人類，當然也包括地球，這些都是王道裡談的利益相關者。

　　生命的意義，在於不斷創造價值，以達到永續的境界。

　　從創造價值到永續境界，我們要體認到，時時刻刻的變動是常態，我們透過這樣的動態不停演化；過程中，所處生態裡的利益相關者，都要因時、因地、因人、因事，求取利益平衡，這也是為何創造價值、利益平衡、永續經營是王道的核心精神。

　　當進入王道的世界，我們會深刻理解，一個生命真正的存有（being），是利他主義，重視生態甚於個體、重視平衡甚於均分、重視長期甚於短期、重視無形甚於有形，王道的途

徑將為人帶來宇宙觀點，突破思考盲點，
終究會發現，利他，才是最好的利己。

> 王道是生命意義
> 之道，也是共創
> 價值的新商道。

▍時代中關鍵的存在

為什麼這個時代需要王道？

現行主流的西方資本主義，已將利己主義發揮到極致。

在這樣的情況下，多數人是先談利己，有餘力再談社
會責任，結果造成生態失衡的後遺症，如：全球貧富差距懸
殊、自然資源耗竭殆盡、因欲望過多的大小爭戰等。終於，
人類覺察到生存危機，了解不能再如此下去。

我們可以觀察到，世界正在改變獨大的局勢。美國的全
球霸主地位不斷受到挑戰，新興國家與經濟體不再認為西方
價值觀放諸四海皆準。

資本主義也因出現許多弊端，產生典範轉移，從過去重
視股東權益到利益相關者平衡，進而重視公司治理、企業社
會責任與環境保護，因為希望人相對變得不那麼霸道，但它
還是屬於由外到內的要求，而非從內往外的自主，加上太過
重視利益的顯性價值，忽略持續成長的隱性價值。

在這種狀態下，就算得天下，往往也是一時，無法長居

久安，還是會面臨永續經營的瓶頸。

這個世界需要的，是一個讓所有人能夠共創價值的新商道，打破贏者通吃、貧富不均的霸道思維。

▍領導者的「創心」修練

不過，王道不是一味推**翻**資本主義與西方管理方法，而是雙融東西方文化優點。

西方擅長系統化、工具化方法，因而容易複製，很快就能形成規模經濟效益，這是東方要向其學習之處；但是西方思考產生的系統盲點，就得靠內外兼修、講求共榮共存的東方心法去破除與補強，才能持續為人類文明進步做出貢獻。

王道，是新時代領導者需要的世界觀，是一種「創心」修練，它不是兩千五百年前孟子談的帝王之道，而是大大小小組織的領導之道，要領導人能夠生智慧、益眾生、厚天地，如同《易經》所言：「天行健，君子以自強不息；地勢坤，君子以厚德載物。」簡言之，就是講究天、地、人的次序與利益平衡。

有很多國內、外的成功企業家問我，在現實的商場上，東方王道怎麼跟西方霸道競爭？大家也常有個疑問：「因為

我的創新，讓競爭者被淘汰，這樣算是王道嗎？」

其實，資源有限，競爭是必然的，在人類歷史上從未停止過。

王道也講競爭，只是它的競爭是比誰為整體生態創造最多的價值，比誰最能夠平衡所有利益相關者，比誰的氣最長能夠永續經營，根據這樣的中心思想，重建競爭的哲學基礎。所以，淘汰不王道的競爭者，也是一種王道。

■ 相戰不相殺

二十世紀，被國父孫中山譽為唯一真正理解中國的英國哲學家羅素（Bertrand Russell）說，他最欣賞東方老子哲學，不認同西方文明占有的衝動。

羅素在1920年曾到中國做研究，提出人類本能有兩種衝動：一是創造的衝動，二是占有的衝動。

占有的衝動，是要把事物據為己有，於是，這些事物變得有限，無法相容，陷入零和戰局，就是你進一分、我就得退一分，為爭權奪利而相戰相殺，無法和平共處。

創造的衝動則正好相反，創造出某種事物，並不納為己有，而是與他人共享，於是，這些事物就可以在不斷擁有、

分享中彰顯價值；例如：文學、藝術、科學，各人有各人的創造，多多益善，可以彼此競爭，卻互不妨礙。

所以，羅素認為，應該要提倡老子所推崇的為人類貢獻的創造衝動；相對的，西方文明講占有衝動，一旦發達起來，會讓世界陷入你爭我奪的相殺，所以要抑制（注3）。對應到今日資本主義發展為追求最高己利的霸道思維，令人不得不佩服羅素的先見之明。

■ 追求最高總價值

其實，老子說的無為而治，治也就是一種創造。人類的進化，就是在創造的衝動中逐漸發展；這也是我為何提倡不留一手的傳承文化，如果每個人都想留一手，在時間的長流中，世間的美好逐漸喪失，就無法累積出更高的價值。

事實上，人類的文明也來到了不得不重建競爭哲學基礎的時刻。

當資本主義光環褪色，全球更需要利他利己、共榮共存的東方王道，讓諸多參與者達到利益平衡，重新建立新的永續秩序。過去的歷史已告訴我們，霸道雖可以做大，但王道才能做久。

截然不同的角度，就會產生大相逕庭的結果。新的時代，我們要重新引導到新的道路，而且，這次要從「利他的心」出發，轉化思維，以分享取代占有、以共創取代獨拿，追求社會、人類文明的最高總價值。

注1　1976年以新台幣一百萬元創辦的宏碁集團，在2013年已連虧三年，稅後虧損高達新台幣二〇五・七九億元，創下成立三十七年以來最大虧損數字，全球PC品牌排名掉至第四。

注2　2004年，施振榮光榮退休，與友人共同創立的宏碁，也開枝散葉為ABW家族（宏碁Acer、明基BenQ、緯創Wistron），2004年總營業額達兩百二十二億美元，到2010年更成長至約六百六十億美元。

注3　創造的衝動認為事物本質是相容，能夠共創、共享、公諸於世；占有的衝動是把某種事物據為己有，認為事物本質不相容，你多我就少。羅素讚賞老子的評論，影響了許多東、西方學者投入老子哲學的研究。

第二章
耕耘之心

當有了王道心念，
所想所識、為人處事、管理行動，
皆不脫離此軌。

——施振榮

　　王道，要怎麼開始？

　　就我自己四十年的領悟，王道是心之所以生、事之所以成、人之所以治、動之所以起。當有了王道的心念，一切所想所識、為人處事、管理行動，皆不脫離此軌，慢慢去做，愈早開始愈好。

　　追求未來，氣一定要長。氣長有兩個重要因素：一是外在的資源，二是內在的信心，所有的資源、信心，都是在培養自己或組織的能力，王道就是我所投入的資源、能力、時間，相對高於別人所創造的價值。

　　價值又分為現在的價值與未來的價值，現在的價值成長、提高了，仍要投入更多的能力與資源，持續創造未來的價值。

　　未來的價值，就當下來看，常是屬於無形、間接，甚至虛無飄渺，因此常被大家輕忽與不重視，我稱之為隱性價值。然而，四十年來，我解過組織經營管理的無數難題，我發現，破題的關鍵，往往就在隱性面向。

▌未來與當下的消長

　　未來是當下的因果，現在是過往的體現，王道，是在時

間軸上創造價值的過程;現在愈有能力創造隱性價值者,未來展現的顯性價值就愈高,它就是在這樣的過程轉換循環。

所以,王道看的是總價值,包含顯而易見的現在(短期)、直接、有形的顯性三面向,加上無立即成效的未來(長期)、間接、無形的隱性三面向,兩兩相對應,形成六面向價值。

只要能掌握六面向價值的精髓,必能創造出相對於別人更高的價值,自然也就是在行王道的路上(見第二部)。

舉例而言,如果你是創業者,可以用王道去審視在所處產業裡,自己創造的價值是比別人高或低。若是高,持續精進;若是已經比別人低,可能就要結束,或想辦法轉到另一個更能創造價值的領域。

■ 從開始就追求永續

我三十三歲時創業,公司成立的第一天,我就告訴夥伴們:「宏碁的經營要照顧與平衡到所有的利益相關者。」當然,那時不知道這就是王道的思維,只是看到前東家的本業,雖然創造出很高的價值,卻因為缺少王道,導致無法平衡所有利益相關者的利益,最後倒閉。

　　如果真要我回溯何時開始走在王道的路上，應該就是大學時擔任社團負責人，我謹記母親耳提面命的「要做一個有用的人」，心想有用就是對他人、社會創造價值，而社團讓我歷練到服務與利益他人，不知不覺從中學習到如何平衡大家利益的經驗，愈做愈有成就感。

　　後來，我把這樣的能力運用在聚集一群年輕人，共同創立宏碁。

　　公司的目標，一開始就是追求永續發展，所以，對內，我相信人性，推動許多突破人性盲點的管理制度，如：不打卡、享受大權旁落、分散式管理、不打輸不起的戰、認輸才會贏、財務獨立自主，用溝通、說服的團隊決策，取代領導者的一人獨斷。

　　至於對外，宏碁帶頭建構利益平衡的資訊與通訊科技（ICT）產業鏈，做品牌是以世界公民自我期許，與當地市場共榮共存。

　　直到這幾年，為了推廣王道，才慢慢把過去的經驗、想法，整理出「創造價值、利益平衡、永續經營」十二字真訣，再結合學術界，共同推動王道經營會計學。智榮基金會也投入研發，發展出王道創值兵法等系統化工具。

　　以東方王道心法衍生出的管理模式，是我認為未來華人

能夠翻轉、突破主流西方管理學的機會。

▍建立人生的系統觀

　　想要到達永續境界，要不斷創造價值、平衡利益，需要在你的心念與腦袋裡建構強而有力的系統觀，因為行為是跟著心走的。

　　人本身就是一個系統，系統是牽一髮而動全身，如果你學習系統觀思考，看事情的習慣就不會只是片面、瞎子摸象。

　　若沒有辦法了解產業、社會、全球狀況、當地市場的客觀條件，你是無法創造出利益平衡與共創價值的機制，所以，要行王道，首要之務就是要有系統觀。

　　系統觀怎麼來？其實，每個人在學生時代都有學過。應用科學是一個系統，自然科學、社會科學也各有系統。

　　有了一個基礎系統，出社會後，你不能讓自己陷入迷思，局限在裡頭。

　　譬如，理工科畢業生進入資訊產業，就要去了解產業系統，包含所在市場的社會系統、政治系統、經濟系統，一個個的系統形成生態，生態又是一個大的系統。

　　在創意經濟與體驗經濟的時代潮流下，特別需要跨產業

的多元整合，關鍵也在系統觀。

■ 創造過去沒有的價值

　　如果你跨入另一個產業，像我這幾年接任國家文化藝術基金會董事長，跨入人文藝術領域，就要深入其產業系統，同樣，也要考量到社會、政治、經濟的共同系統，再建立另一個生態系統觀。

　　在這麼多的生態系統上頭，永遠有一個無窮的大千世界，每個系統在裡頭是相互影響，互為因果。

　　佛教講的輪迴也是系統觀，把人生當成一個系統，人來世上的這一生有前世、今生、來世的因果關係。

　　從另一方面來看，分析系統要有時間是「相對」的觀點，原因是，若不持續創造，價值在未來可能會趨近於零，甚至變成負的，這也是王道的前世、今生與來世思維。

　　王道會讓我們去思考，如何創造過去沒有的價值，今生的價值要比前世的高，來世的價值要比今生的高。

　　2015年2月，我在電腦學會演講時告訴大家：「電腦不見了！」個人電腦在發展三十年後，不會再是電腦型態，因為現在的電腦太理性，科技未來是朝感性的使用者導向進

化，勢必轉換成各種新裝置，可以說是始於科學，終於服務。

我在下此預言時，是從未來（來世）分析現在（今生）產業系統的動態，如果沒有時間軸，就會很難判斷。

▌始於科學，終於服務

當有了系統觀，就能看清現在所發生的狀況，都是系統運作，從中發現系統的盲點，找出別人看不到、你看得到的創造價值之處，想辦法突破，建構大家願意共創價值、利益平衡的機制。

產業如是，人亦如是。

2015年3月，李昌鈺博士來我家，他跟我分享一天只睡四小時，如果換算成人生的時間，他已經比別人多創造出一百歲的價值了！由於我們兩人都是彰化中學校友，5月還一起受邀回母校對談。

我沒有李昌鈺那樣厲害，只睡少少的四小時，但我每天花很多時間動腦筋。我對工作的定義是，休息、運動、睡眠，都算工作的一環，因為充分放鬆，能使大腦更有效率，所以我笑稱自己是每天認真工作二十四小時，若換算這四十年的歷練，也累積至少八十年的時間。

　　前頭提到，人生也是一個系統，在這條動態系統的時間軸上，若以王道思維檢視，「現在的我」就要創造出比「過去的我」更高的價值才對。

　　退休後，我從為企業、產業貢獻的施振榮，變成為公益、社會、國家奉獻的施振榮，從六面向價值來看，代表我正創造出更多隱性價值（見第二部）。

■ 別怕動腦筋

　　王道領導人就是在動腦筋，要多聽、多看、多想，建立系統觀。

　　讀理工的人，因偏重邏輯訓練，比較能夠掌握系統思考；讀社會、人文的人，也不用覺得自己沒有能力建立系統觀，別忘了，歷史本身就是一個最大的系統。慢慢的，你就能累積分析系統前因後果的能力，對於預測過去、現在、未來的演變，會愈來愈上手。

　　台灣社會目前最大的問題，就是沒有系統觀，容易犯了以偏概全、不見全貌的毛病。

　　就我來看，資本主義、民主政治、管理系統，都有盲點，分別面臨了價值的半盲文化、資源的齊頭文化與行政的

防弊文化三大瓶頸。

資本主義與一般管理系統，太偏重有形的顯性價值，甚至於管理理論的關鍵績效指標（KPI），都以具體數字為主，造成價值的半盲文化。

> 「現在的我」要比「過去的我」創造更高的價值。

民主政治的盲點，是資源齊頭文化，平分的齊頭式平等不是真平等，只能解決短期問題，反而妨礙資源真正有效運用，失去創造更高價值的動力。

至於公務體系的行政防弊文化，阻撓興利，導致組織人員寧可不做，以免犯錯或被控圖利他人的心態，以至於開創性不足。

■ 改變，是演進，不是革命

身為王道人，我也付諸行動，以王道追求創造價值、利益平衡的系統觀，持續思考並提出觀察與解決的方法，好讓台灣這個社會系統更具王道的永續精神（注4）。

我也知道，王道要成為主流思想，需要五十年、甚至百年的時間，那時我都不在了，但只要有耕耘的心，帶著一群人小小的做，先播種，才能慢慢擴大。

　　革命不是突發，是早已累積許多演進，直至滿水位才顯露於世；不知不覺的人，會覺得那是突然發生，先知先覺的人，則看見演進的歷程。

―――――――――――――

注4　施振榮的社會、時事觀點文章，可上「施先生薪傳網站」點閱：http://www.stanshares.com.tw/stanshares/portal/home/index.aspx。

第三章

王者風範

社會能不能更進步，
端視大大小小的領導者如何更王道。

——施振榮

　　王道不是在講帝王之道，而是為「王」之道，也就是指大大小小的領導者，他們是王道裡的主要角色。

　　王有兩種，一種是自然人，也就是個人；一種是法人，由自然人組成的組織，可以是公司、政府、機構、社團等形式。個人與組織都有為王之道，端視由誰領導全局。

　　就個人而言，行為由思想領導，你的思維就是你所有行為的王；就組織來看，王當然就是領導者，社會能不能進步，端視大大小小的領導者在面對新的需求、變化時，如何更王道。王者的責任，是創造出更多的社會價值。

■ 王者圈地的學問

　　當王，要先圈地，先決條件是，要能找到創造價值的空間或題目。

　　首先，你要回答想做什麼王道？要在哪裡當王？要創造出何種價值？

　　傳統的圈地為王，活動的領域是有形的土地，不能任意圈地；現在則要有新思維，地是無形的、動態的，你想怎麼圈就怎麼圈，不但沒有固定疆界，還要隨時間改變，依著動態而變化。

　　王道是共創的思維，它的世界如宇宙那般大，因而心裡要想的圈地（市場），可以如浩瀚銀河般的無窮想像，不論是「me too」者眾的紅海、瞄準利基（niche）的藍海，或是在主流市場創造新價值的藍天。

　　某種程度來說，圈地就是在進行分類，就像你是導演，想好要導什麼戲。再來，就要思考，你有沒有能力創造價值、要用什麼機制創造價值。

　　當王不一定都要當大王，能力還不足時，就先圈小小的地，磨練自己，一、兩人公司也是一個小小的王。我剛從學校畢業時，沒有太大的實力，也是從做中學，慢慢累積經驗。

　　以王道精神圈地，開展志業或事業，這塊地的子民，就是你的股東、員工、客戶、供應商等利益相關者。王者要思考如何為這塊地創造價值，照顧所有子民，並且平衡利益。

▌王者思考的藝術

　　王者的思考，是一門藝術，關鍵在於能否想通；通則能悟，悟道後，便能心領神會思考的藝術之美。

　　就像人體陰陽經匯於任督二脈，領導者的思考藝術也歸於王道兩字，當你打開自己並接受，真的可以「吾道一以貫

之」，創造圈地的價值。

　　一位王者如果在思想、行為注入王道，他會發現，整個世界充滿意義與目標，生機盎然，所圈之地會有愈來愈多子民加入，共創價值。

　　價值沒有絕對值，從王道的思維，大大小小組織的領導人，只要比以前創造出更多的價值，就值得鼓勵。

　　王道是看附加價值，大規模企業占用那麼多資源，若沒有創造相對更多的價值、沒有進步，等於不王道。

▌王者創值的祕訣

　　然而，要如何提升附加價值？答案是，可以透過微笑曲線，找出產業的高附加價值所在（注5）。

　　有人問我，如果大家都行王道，這個世界是否就進入沒有衝突的境界？我認為不太可能，理由是：王道後，還要更王道。

　　王道，就是好還要更好，現在沒那麼理想，就一定有仍待克服的問題，人是為了解決問題而活，唯獨這樣，才活得有意義。

　　這段過程，就像是要打開一個又一個毛線球的結，有的

結需先打開，有的結不急。在這個過程裡，能為世界創造價值，你會像我一樣充滿熱情，獲得成就感與幸福感。

我常在演講裡提到，如果一覺醒來看不到問題，我也失去活的動力了！

幸好，這樣的擔憂不存在，世界永遠有一大堆問題，人活著的意義，就是想辦法面對、解決它們，看到問題不要抱怨、不怨天尤人，這本來就是人生的意義與創造價值所在。

我自己是這麼想的：社會上有千萬個問題，我只要能夠解決一、兩個重大的關鍵問題，就已經不虛此生。

我六十歲前的人生，解決了電腦要普及全世界的問題；六十歲後的人生，我悟出王道能破除資本主義盲點，讓人類共存共榮，這也是我想為社會解決的第二個問題。

▌永無止境的動態平衡

王道，其實是一個永無止境的動態平衡，就算你今天已經非常「王道」，明天還有更王道的目標。

王道談的是共創價值，在發展的過程，自然會造成不平衡，因為同一時間點，大家貢獻出的價值不一樣，成長的速度也不一樣。領導人的責任，就是要保持生態的利益平衡。

　　方法有兩個，一個是設定新目標，當目標不同，就要重新整合利益相關者，建構新的平衡機制。另一個是雖然維持原有目標，但每個利益相關者的進度不同，追求的利益點也會不同，領導人要隨著動態發展，不斷調整平衡利益的機制，因此，王道領導人總有做不完的事。

　　更重要的是，大大小小的王都需要有探索的勇氣。

▌Me too 還是不 me too

　　想創造比別人高的價值，就不能做「me too」，我這輩子就是遵循著「跟隨並非我的風格」（Me too is not my style.）的反向思考原則，勇敢嘗試。但是，大部分人還是認為，「me too」比較容易創造價值，這是人之常情，由於已經看到前頭的成功開創者，後頭的跟進者相對會較有信心。

　　「Me too」其實也沒有違反王道精神，只要能夠創造正面的價值，就是王道；但王道是看相對程度的，是馬虎的王道、普通的王道，或是追求頂尖的王道，結果就會有所不同。

　　王道的價值是總帳論，當市場供不應求時，加入的「me too」者，還能為市場創造出更高的價值，但「me too」雖然在初期提高了總價值，符合王道，最後還是要面對供過於

求、無利可圖的市場定律。

當市場相對成熟，隨著一窩蜂投入的「me too」者愈來愈多，創造價值的空間也變少，由藍海變成紅海，也無法再為飽和的市場提升價值，每一個「me too」者能夠分享到的利益愈來愈少；少到最後，價值將由正轉成負，整個產業生態變得不王道。

■ 孤芳自賞無法創造價值

如果一開始選擇不做「me too」，不論成功或失敗，都是更王道的境界。

成功了，就會產生創新效益，滿足社會未被滿足的需求，創造出新的價值；若是失敗，也會有不同的價值。

所謂不同的價值，一是常言道的失敗為成功之母，失敗往往是累積成功的過程；二是能夠分享教訓與心得，提供他人參考，就像我寫書時會分享自己的失敗經驗，因為這些都是間接、無形、未來的隱性價值，也是企業成長與人類文明進步的原動力。

通常，隱性價值會由反向思考而得，所以，要建立不做「me too」的勇氣，如果你不踏出去做第一件事，就永遠沒有

勇氣。

　　如何升起信心？勇氣不是匹夫之勇，是隨時間慢慢累積而來，永遠不滿足自己現在的思維，王者風範是要不斷學習，讓自己的思維能更具全面性、完整性。

　　經驗並不一定是發生在自身，世界之大，其他人的經驗也能讓自己有所成長與警惕。

　　我自己在選擇往前衝之前，會先看看後頭有沒有人跟。我的膽子小，需要聚眾讓自己更有力量；另一方面，也是自我審視，當有一群人願意跟著你衝，成功機率也隨之增高。

　　價值一般是要共創，孤芳自賞無法創造價值。

■ 要命還是要面子？

　　勇於嘗試新事物或新路之後，可能會有如潮水湧來的各種批評，這也是網路時代的常見現象。有些是不認同，有些是被錯誤解讀，有些是真的指出問題。

　　當你有勇氣去走一條沒人走過的路，有漏洞（bug）是理所當然，你要說服自己馬上承認問題，不要死愛面子，打死不認錯。

　　認輸才會贏，要懂得取捨，我常說自己是要命不要面

子，錯了就檢討，不要找藉口，經驗的累積是先要有心，發現改善的可能性就立即改善，這是王者風範。

實質上，認輸不容易，當局者迷，常常不會認輸，尤其手上握有資源與權利，心態更難放棄。不想失去是人的天性，但別忘了，眼前擁有的資源與權利皆因企業存在，若企業消失，它們也不復在。

華人文化非常看重面子，不願認輸的後果，反而把「命」都丟了，拖垮公司或法人的前途；這也是為何我一直強調，王道領導者必須要命不要面子、認輸才會贏。

身為經營者還要認知到，這個資源是誰的、是長期或短期、能否控制；要知道，除了資本之外，所有的應付帳款、銀行借貸，都是短期、別人的資金。

既然不是自己的資源，如果要應用，你的現金流就要夠大，隨時能夠償還。這樣的體認，也是負責任的心態。

▌ 不留一手的傳道者

組織裡的王者，本身要是不留一手的傳道者，才有更大的影響力，創造出更高價值。不留一手要有方法，我自己是把複雜的事情盡量簡單化，研發各種溝通工具，進行有效溝

通，就像我寫這本書，也是想跟大家溝通王道的精髓。

　　既然當王，就不會是一個人，為了讓大家透過組織共同創造價值，領導人需要建構一個舞台，激發各人的潛能，創造出更多的大將，培養未來的大大小小王者，才能真正創造出組織的最大價值。

　　由於領導者主要是整合他人、組織，共同創造價值，成功的果實可能是落在其他人身上，因此，王者還要有成功不必在我的心態。

　　最重要的是，王者得弄清楚，在什麼時間點扮演什麼角色、面對不同人群時各該有何角色，並且重視自己所扮演的不同角色，包含在家庭的角色；像我當施太太的先生、孩子的父親、孫子的阿公，我都盡力扮演好自己的角色。

　　當領導人時，就要負起責任，發生問題要出來解決，不能逃避。此外，我還有另一個角色，就是社會的一份子，所以要貢獻、灌溉社會，做對的事。

▌行王道，沒有不能彌補的損失

　　只要有王道思維，就不會走到令自己後悔一輩子的路，因此我也把王道稱為正道。

　　當然，你可能會因為想得不夠完整，或是沒有全盤了解社會現象、產業生態，因而吃虧、受到教訓。但領導者若能依著王道創造價值、利益平衡、永續經營的原則，不斷學習，就長期來看，那些都是可以補救的，因為能力、歷練會與時俱進。

　　不斷學習，是王者非常重要的基本態度。

　　即使你本來對王道沒興趣，為了以後的長期跟永續，還是得做。

　　走王道這條路錯不了，但組織、人才、機制都需要時間、能力與舞台，當你洞悉這是未來的必然，不如做得早、做得小，先一步、一步往前走。

　　其實，一個領導者常要做自己沒有興趣的事，除非你不當王。當你想通了，再怎麼勉為其難，都會調整自己的個性、興趣，變得更趨向王道，走向更高的附加價值之路。

注5　微笑曲線是1992年施振榮再造宏碁前，重新檢討產業鏈變化所提出的概念，宏碁集團也因為微笑曲線而一路創造高峰，後來被各界運用，經過二十年，成熟為可運用於各行各業的微笑曲線理論。有興趣的讀者，可參照《利他，最好的利己》、《微笑走出自己的路》。

心懷六面向價值

王道之道，
以創造為價值之念，
以平衡為利益之首，
以永續為經營之始。

第四章
價值，
隱顯並重

隱顯並重，六面平衡，轉換循環，加乘價值。
—— 施振榮

　　價值的真正本質是什麼？這個問題應該有清楚而直接的回答，定義更要明確，才能讓人年復一年去思考，終能透徹。

　　對於人生或企業的價值，已經有許多論述。就王道的定義，個人與企業存在的意義，是要為社會創造價值，追求利益平衡與永續發展。

　　然而，談價值的本質之前，我想請大家先思考：在事業成就與人文關懷之間，你會怎麼分配兩者的權重？

　　相信很多人會想問我：「施先生，標準權重是多少？」

　　這個問題沒有標準答案，唯一的標準，是兩者皆不能捨棄，因為事業成就是顯性價值，人文關懷是隱性價值。王道認為，隱顯並重才是真實的價值。

　　為什麼王道要談隱顯並重的總價值？原因有二，一是要破除資本主義帶來的價值半盲文化；二是唯有如此，才能真正走向永續經營。

▋ 隱顯並重的實相

　　「想」這個字很有意思，它是由「相」與「心」組成的；資本主義讓人們的心偏向利己，只能看到有利於自己的眼前顯相，卻少去想世上還有比獲利更重要的事。

　　例如，為了讓生活過得更好，人們選擇大量開發自然資源以達成目的。

　　表面上，我們因此進入更舒適、文明的世紀，但實際上，人類已經因為太過重視短期效益、經濟數字、物質成長的「顯相」，而面臨全球暖化、食物鏈失衡、數不清的汙染、貧富差距擴大等迫切的生存危機。

　　這都是因為長期忽略未來發展、社會責任、心靈成長的「隱相」，導致隱顯不平衡的結果。

　　雖然，資本主義已經進化到強調企業社會責任，但還是屬於由外到內的規範性，而不是從內往外的自發性。王道講求領導人的利他之心，是自然而然、由內向外的心法，因此心中所「想」的，就是隱顯並重的價值。

■ 隱性價值，治本之道

　　為了能明確定義真正的價值，近幾年，我思考出六面向價值總帳論。我發現，它是價值的「實相」，能讓人看清真實，預見未來。

　　六面向價值，是此有故彼有，隱顯俱在（coexsistence）。

　　從圖1可知，隱性三面向，為未來（長期）、間接與無

形；顯性三面向，則是現在（短期）、直接與有形。

　　我談隱顯並重，把隱性置於顯性之前，是有道理的。

　　相較於顯性價值，隱性價值經常會被輕忽；根據我的經驗，要能夠維持隱性面向，同時又擴大顯性面向的價值，甚至面對價值成長停滯或出現問題等狀況，治本之道也是要從隱性面向著手。

　　值得注意的是，這六面向，兩兩相對，缺一不可，否則無法體現出真實的價值，也會造成思考的偏誤與盲點。

圖1　顯性價值與隱性價值的相互關係

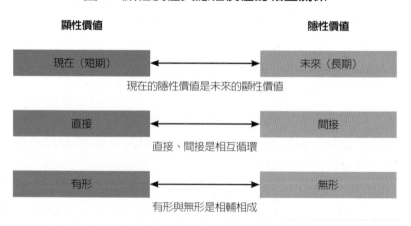

▌六面向價值法則

　　第一組，是「現在」與「未來」，它們是時間序列的因果關係。

　　王道精神是永續經營，因而重視無形的未來。

　　在六面向價值上，有一條時間恆河的軸線，當你站在某一時點的當下便要知道：現在的價值，是由過去累積而成；未來的價值，則是由現在累積多少而決定。

　　第二組，是「直接」與「間接」，兩者是相互循環的關係，到了某個時間點，間接就會轉換成直接的價值能量。

　　直接、間接是一體兩面，它們常是要達到同一個目的，不斷循環。

　　許多時候，間接甚至能比直接更快、更好。像我常說的「利他是最好的利己」，利他雖然是間接的，可是能夠達成直接的利己，而且，用間接的利他來達到最後效益，比直接的利己更有效。

　　這個概念，在管理上也有類似效果；比如想要員工改善某個行為，透過間接溝通，往往會比直接懲處來得更好。

　　第三組，是「有形」與「無形」，它們是相輔相成。

　　外在美與內在美，就是有形、無形的例子。真正的美，

是要內外兼修、才貌兼備。

實際上，看不見的無形價值比有形價值更高，譬如軟體的價值就比硬體高，智慧財產的價值也比製造高。就個人而言，無形的好名聲也會產生有形的實質幫助，像社會賢達、明星，都是因為無形的名氣，為他們創造出更高的價值。

▌互即互入，無有分別

六面向價值，就像自然陰陽五行，相互對應與影響。

最後你會發覺，隱性面向與顯性面向，如同人的左手與右手、右腦與左腦，彼此互相幫忙；就像當我們在做事或動腦筋時，並不會分別這是哪隻手或哪邊腦所為。

王道領導人為了要創造最高的總價值，應該要能體悟到，需要隨時注意，隱性與顯性並重，並且平衡，因為它們是互即互入（interbeing）。

六面向價值構成的總面積，就是總價值。

如果想擴大價值，就要在既有價值基礎上，加進未來、間接與無形的隱性面向；如圖2所示，橫向時間軸拉得愈遠，縱向價值軸拉得愈長，總價值也就跟著變大。

換言之，現在愈有能力創造隱性價值的人，未來展現的

顯性價值就愈高。

▇ 在轉折處做好變革管理

　　但是，人性是半盲的，只看得到某一個時刻的顯現，卻忽略每一個當下的總價值，其實是包含了現在與未來、直接與間接、有形與無形的六個面向。

　　因此，想讓總價值不斷成長，領導人就要維持六面向的

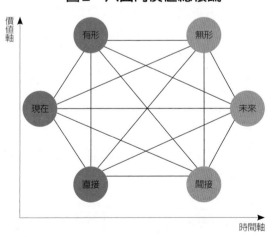

圖2　六面向價值總帳論

平衡，建立一個隱性價值轉換為顯性價值的循環機制。

　　然而，企業的成長是有極限的，如果只重視獲利，忽略隱性面向的投資，如：人才、智財、品牌、社會責任等，就更容易達到成長的極限，失去創造價值的動能。

　　在學術界，有多S成長曲線理論，企業要突破成長極限，就必須不斷投資未來，並且在**轉折點變革**。

　　產品有生命週期，企業亦然，即企業從誕生、成長、成熟到衰退甚至死亡的過程。這段成長的軌跡，不會永遠是一條向上攀升的斜線，而是由多個S曲線組合而成。

　　對企業來說，在關鍵轉折處做好變革管理，是最重要的事，而做好變革管理的關鍵，就在於持續投資未來。

▋ 投資能隱顯轉換的未來價值

　　投資未來，就是投資隱性價值，等到時機、環境成熟，隱性價值會在未來轉變為顯性價值。

　　我主導過宏碁的三次變革，分別是1992年第一次企業再造、2000年的二造，以及2013年的三造，宏碁的成長曲線圖也來到四個S（見圖3）。

　　前兩次，我是集團負責人，扮演的是王者，變革思維是

圖3　宏碁多S成長曲線

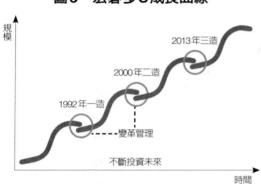

投資高附加價值的未來，以全球品牌、結合地緣的模式，採用主從架構的分散管理，解決宏碁國際化過程的財務、品牌形象、管理效率等問題。

1993年後，隱性價值逐漸發酵，轉換成顯性價值，營收、獲利連續幾年創下高成長。

2000年，我再專注於隱性價值的研發與品牌，也就是微笑曲線高附加價值的兩端，啟動二造，整合重複資源的事業群，將集團一分為三。

結果就是大家後來看到的，宏碁改造為「三一三多」的營運模式，也就是一個公司、一個品牌、一個全球團隊，以

及多供應商、多產品線、多通路，希望藉此有效提升企業競爭力。緯創專注電腦研發製造、宏碁專注電腦品牌服務、明基另創BenQ品牌，發展電腦周邊的數位時尚產品。

2000年的隱性投資，在2004年轉換成顯性價值，泛宏碁集團的總營業額，達到兩百二十二億美元。我也在同年年底光榮退休。

第三次，則是屬於階段性的救火任務。

我要為集團找到接班的王者，角色是傳道者，也是從隱性面向著手，在組織內部傳承王道文化；為了創造集團新價值，協助宏碁發展自建雲新事業（見第三部）。

從六面向價值來看，這三次變革都是依據王道思維，拓展隱性價值，終能在未來的某個時刻顯現總價值。由此可見，企業必須建立隱性與顯性價值轉換的機制，這個過程就像四季時節，不斷循環。

▌發展新套，在老套未老之前

我的觀念，是要在「老套」還能賺錢時，趕快發展「新套」，創造未來的價值。

要知道，身處現今世界，不確定因素實在太多，今天的

創新，跟過去的創新、明天的創新，所用的策略不同，目標也不同。

從六面向價值來看，顯性價值會因為環境、時間的變化而貶值，如果不添加成長的燃料，現值會趨向於零，甚至由正轉成負，這樣當然就不王道了！所以，企業想要永續經營，就要不斷投資未來，因為王道的競爭哲學基礎，是比誰能創造最高的總價值。

人與企業都是活在未知裡，當你走在創造價值的路上，領導人心中要常存「王道」，追求好還要更好的王道境界，在典範轉移前，以六面向價值設計出一個共創價值、利益平衡的舞台，轉化、創新。

但是，隱性價值的投資也不能只是用來支持、保障現有的顯性價值，這很可能會讓個人或組織在典範轉移時，面臨原來的顯性價值靠不住的困境。

有太多大企業，因為相信過去成功的「老套」，沒能及時發展創造未來價值的「新套」，結果兵敗如山倒。

■ 以六面向價值經營品牌

六面向價值總帳論，其實是經營品牌的最好工具。

　　品牌本身，就是隱性價值，像支持品牌實力的智慧財產、創新，都是無形的；而影響品牌形象的因素，如：使用者口碑、媒體報導，則是來自間接。把隱性價值轉換成顯性價值，就是品牌資產；無形的品牌形象愈好，品牌資產愈大。

　　有顯性價值條件的人，應該重視隱性價值；沒有這種條件的人，則應該要先掌握顯性價值。

　　六面向是要平衡顯性與隱性，就像有形物質的麵包跟無形的愛情、夢想，應該要同時考慮。

　　如果領導人無法支撐住大家對組織的信心，就想要追求間接、無形與未來的隱性價值，根本走不下去，因為你無法創造出足夠的價值，對整體利益相關者的誘因不夠，當然無法往前走。所以，當缺乏顯性價值的條件時，必須要先顧好顯性面向。

▋ 求平衡，先找出不平衡

　　六面向是要不斷轉換，但，如何有效轉換？

　　需要考慮三個因素：第一，每個面向的時間與權重。

　　在變革時，要思考時間與權重的問題。此外，六面向價值還要視不同對象或市場需求，有不同的權重；譬如，某個

族群能滿足企業現在提供的總價值，但對另一個族群就不一定會滿足，此時就要調整六面向的權重。

第二，建構隱顯價值轉換的循環機制。轉換與循環的過程，有起有落，就像透過心臟監測儀器觀測正常心跳，可以看到螢幕上一連串規律的高低峰。

考量完這兩個因素，你再來思考，如何保持六面平衡。

為了達到最大的總價值，你要檢測哪個面向是不平衡的，例如：人才培養、研究發展、品牌行銷與投資、規章制度、人事獎懲措施、員工分紅或獎勵等企業經營活動，這些各自在哪一個面向，又是如何影響整體價值。

如果有不平衡之處，要調整使它平衡，才能共創價值。

六面向價值總帳論的效應，也顯現在產業鏈上。

以電腦產業為例，消費者買電腦，他看到的是硬體、軟體加上服務的三者總價值。

電腦的有形，是英特爾（Intel）、硬體製造商；無形，是軟體，如：微軟（Microsoft），以及服務的品牌商，整合起來，直接對消費者提供價值。因此，若是作業系統不相容，消費者無法那麼方便進行資料交換，就會間接影響消費者轉換其他作業系統的行為。

所以，在不同產業鏈，我們還是可以分析出有形與無

形、直接與間接，以及現在與未來的六面向深度關聯性。

　　每件事都有關聯性，只要能夠保持六個面向的動態平衡，時空因緣俱足了，無形會以有形展現，間接會轉換為直接，顯現出六面向總價值的加乘力量。

▋ 可以是零，也可以是無限大

　　總價值是每一個時刻、每一個規模，系統在經過隱顯轉換、循環後，產生類似臨界能量（critical mass）。這股力量，能為往後的成長提供動力，基礎愈穩固，未來可以延展出的價值也會愈高。

　　不過，價值展現力道，是從0到1，再從1擴展到N的過程。0到1是創造新價值，就像創業，從無到有；而經過不斷摸索，發展出對的事業，那就是「1」。

　　當確認「1」的創造價值方法，下一步就是要把1擴展到N，例如：把產品與服務銷售到全球市場。

　　擴展，就是加乘的力量；換算成簡單的數學式，就是「1乘N」。

　　如果「0到1」是創業，「1乘N」就是專業；若母數的「1」靠不住，專業就英雄無用武之地。所以，「1」的價值高

低，決定了N倍後的大小，因為1到N是乘數的力量，總價
值就會受到「1」的影響。

▍會貶值的「1」

不過，「1」是會貶值的。

一是因為客觀大環境的轉變，二是因為自身能力沒有進
步，結果別人已經創造出比你更高的價值。因此，領導人不
只要有創造出現在這個「1」的能力，還要講究創造價值的方
法，不斷尋找更好、更多的「1」，再用專業團隊放大N倍。

那麼，該怎麼找到對的價值？

領導人一樣能用六面向價值，來建構自我的競爭力。

顯性價值，是你過去隱性的投資累積出來的顯性能力、
視野與執行力；隱性價值，是你能否有洞察力，洞見未來
（insight），然後，建構組織的長、短期目標與執行策略，持
續創造出未來能隱顯轉換價值的「1」。

第五章
王道，
始於永續

不王道，便無法永續，
於是共創價值可能也會變成共創損失。

—— 施振榮

　　我們的意識，總是顯化我們所想的觀點，因此，你要選擇一個能讓你的決策、行動與命運走向永續的觀點，然後轉化自己，走向它。

　　當領導人心中有了這本六面向的總帳簿，決策思考自會全盤考量，不再只考慮有形的顯性價值，還能看見無形的未來價值，就不會認同或做出短期可以得到多方利益，但長期會影響或間接傷害名聲、品牌的決策。

■ 停留，看不見美景

　　有句格言是這麼說的：「船停在港口最安全，但那不是造船的目的。」沒有出海，便無法創造船的價值，如同不敢啟程，便無法看見目的地會有多美。

　　人生與企業的經營，就像航行在大海的船；在未知的海上，王道就像是夜空的北極星，能夠指引正確的方向。

　　其實，六面向價值正是體現王道觀點的法則，讓個人在生命中、組織在競爭中，能夠實現最高的總價值。

　　在意圖上，以創造為價值之念；在焦點上，以平衡為利益之首；在願景上，以永續為經營之始。只要能擁有清晰的意圖、焦點與願景，就可以由內而外轉化。

當你剛剛踏上追求成功的旅程，常常會有太多的幻象、表象誤導你，使你以為這樣做是可以成功的。因此，在你的思維中一定要清楚明白，什麼是你未來要創造的價值？什麼又是當下的真實價值？

▌所謂成功，不是成功

一切的一切，還是回歸於王道。

領導人的意圖，是以創造為價值之念，企業或組織的未來，會依據領導人意圖的清晰度而展開。像我會問自己，為了創造價值，我對社會的貢獻是什麼？是否有成就不必在我的心態？

在我年輕時的那個年代，國力弱，人民生活普遍貧窮，大部分人都有跟台灣同舟共濟的使命感。

經過大家齊心合力，共同奮鬥，二十年時間過去，進入1990年代，正好遇上美國以獲利為最大考量，將電腦製造轉移海外的局勢，台灣把握機緣，以使命感為世界創造價值，我們也因此讓原本高價的個人電腦，變成普及全世界的產品，這就是王道精神。

再來，你挑戰了什麼困難？突破了哪些瓶頸？

李遠哲說，在科學界，沒發現的問題，比發現的還要多；對照到企業界，則是不知道的風險，比知道的還要多。何況，原來的價值會貶值，所以要不斷創造新的價值。

▌ 學原則，而非學方法

我在第一部當中，就強調系統觀的重要性；人性、系統有個共通的盲點，就是都僅重視六面向的顯性價值，忽略隱性價值，這也形成現實世界裡的盲點。

有效管理，實則是管理系統、人性的盲點，因為領導人是人，組織也是由一群人組成。從六面向價值來看王道管理，領導人要說服大家，隱性價值與顯性價值並重，塑造「利他是最好的利己」的團隊氛圍。

以上這些問題，要真正放在心裡，我幾十年來都這樣做，甚至把「挑戰困難、突破瓶頸、創造價值」，變成自己的座右銘。

人活著，就是要不斷學習，遇到瓶頸，力求突破；碰上困難，不要畏戰，創造身而為人的成就感。

成就感的高低，與你對社會的貢獻程度成正比。許多人找不到自我價值，就是因為對每天所做的事沒有成就感；當

一個人沒有成就感，就容易對自我價值感到失落與質疑。

成功，在本質上，只是短暫的幻象，尤其是他人的成功。

大家的客觀條件不一樣，為什麼要一窩蜂跟著學？他人的成功有其要素，所處的環境、條件、能力不同，成功的方法當然也不同。我們是要去了解成功原因，掌握原則，但要用不一樣的方法。

▌偏誤，從追名逐利開始

另外，很多人把「名利」當作看得見的顯性價值，這就錯了！因為，名本來就是虛的。

古人有云：「虛名、虛名！」名既是短暫虛幻、瞬間易逝，追求靠不住的虛名，自然就是價值偏誤的開始。

用六面向價值定義，我們要追求的，是能夠由虛轉實的實名，你的名利是因為能利益別人而來，不再追求顯性的財富，而是包含心靈、思想上的隱性財富，這才值得追求。

在我們的社會上，常有許多人把追求永續掛在嘴邊，卻忽略投資隱性價值，達不到真正的永續。導致這種狀況的原因，多半來自人性與系統的盲點，使得總價值沒辦法有效體現。

　　譬如，大家留一手，組織能力怎麼快速累積？群體是一盤散沙，如何有效共創價值？

　　中央集權可以應對上個世紀的簡單世界，但是在全球化世界，充滿無所不在的挑戰與機會，中央集權無法快速反應，更難得知真實情況 ── 大家都知道，一個訊息只要經過三、四人以上的傳播，最後都會失真。

　　因此，創造價值要從盲點、瓶頸開始，了解系統的問題、漏洞，愈是別人看不到的，愈是創造價值之所在。

■ 難處入手，創造價值

　　轉化，最重要的就是從諸多幻象裡覺醒，並且體認到，創造價值要從挑戰困難、突破瓶頸著手。

　　不過，系統是動態、相對的，今天是平衡的，明天就不一定。無常與不平衡是常態，領導人要隨著時空內外環境、處境的不同變化，而有不同的對應方法，保持六面向價值的平衡。這是轉化過程裡的第二階段，若沒有覺察到六面向價值的每一面向，就無法選擇平衡點。

　　所謂的平衡，是六面向的關係轉換能否「價暢其流」，對社會產生價值；如果不流通，就會變成不平衡，無法體現

總價值，領導人要重新建構六面向，改變條件。例如：想讓水變成蒸氣，就要加熱；若想結冰，就要降溫。

換言之，就是調整環境的機制，讓系統能夠回到共創價值、利益平衡的生態。

▌平衡，僅在片刻須臾

往前進之後，又會產生新的狀態，這時需要新的平衡點，領導人就是這樣一路調整，不斷找到平衡點，做為前進的基礎。因而，與其說最適者生存，不如說，最能「平衡」者，才能在未來生存。

平衡，有一個很重要的觀念，就是我們只能做到某一時點的動態平衡，而且，沒有絕對的平衡，只有相對的平衡。這就是為何需要轉化為王道觀點，因為王道看的是永續，當心中有了王道，個人與組織領導人自然會將焦點放在「以平衡為利益之首」，不斷調整六面向，追求最高的總價值。

這種以平衡策略獲取利益的思考，能讓領導人在不同利益相關者的立場之間，實現平衡，讓共創價值更有效率。

當事前與事後的利益分配、機會分享都能平衡，整體生態系統也因為有足夠的誘因，共創更好的價值。

　　隨著面對的挑戰不同、時間不同、產業不同，需要建構的利益平衡機制也不一樣，重點是要考慮到所有利益相關者。

▍站在別人的立場打造舞台

　　王道領導人要根據個別投入的資源，思考各方利益相關者想要的利益是什麼。是報酬、成就感，還是成長？王者不能只以顯性價值做為平衡的單一機制，別忘了，利益平衡是六面向的平衡。

　　要知道，系統是動態的，每一個利益相關者都想要在裡頭成長、進步，因而在建構新的平衡點時，同時也是在為所有利益相關者打造一個新的舞台。

　　調整平衡點，最重要的是站在別人的立場，要聽得出別人到底講些什麼、了解為什麼這樣講；解開為什麼的「因」，才能真正取得共識，建構一個大家願意共創價值、利益平衡的舞台。

　　王道薪傳班裡，有企業領導人問過我：「每天忙於生存都來不及了，怎麼調整成利益平衡的思考？」我的想法是，如果真的忙不過來、無法調整，至少要先把六面向價值內化成思考法則，等到忙得過來時，就要趕緊轉化、重置資源，

因為對組織來講，任何的調整都是漫長的過程。

▓ 失衡時，先保值

　　假設已經失衡，像是企業的獲利價值一直在流失，這時領導人要先「止流」，我把它稱作保值狀態，再來尋求新的利益平衡點。

　　不過，有一種比價值失衡更嚴重的，是信任失衡；像連續產生的食安問題，導致大眾信心全失，這只能從間接、無形、未來的隱性面向，重新創造價值，獲取所有利益相關者的信任，才有辦法尋找新的平衡點。

　　面對信任失衡的現象，要留意鐘擺效益；一旦失去信任機制，做任何事都是動輒得咎，再解釋或用更多理由，外界可能還是給予負面評價，這時要趕快調整你的做法。

　　我的建議是百分百認錯，認命面對，能夠改變的只有自己。世界本來就是變動的，需要有不變的王道精神來因應才有章法，否則就會亂成一團。

　　王者的責任，是成為好的平衡者，建構一個對的思維與對的機制，只要發現生態不盡王道，價值不夠利益平衡，就表示有改善的空間，把不平衡調整到平衡，不斷改善，一直

往創造六面向總價值的方向走。

▓ 不調整，就等著被調整

當你認同了，起伏與無常是世界的常態，也做好不斷調整平衡點的心理準備，多數人都有機會覺悟到，經營人生與企業，要以永續為經營之始。

對創業者而言，最好能從經營的第一天開始，就用六面向價值思考決策，創造相對競爭者更高的總價值。

事實上，最難覺悟的是既得利益者。

既得利益者，往往因為所擁有的現成利益，不願轉變。但就我幾十年的觀察，生態只要利益無法平衡，遊戲規則早晚會被改變。既得利益者若不自己主動調整，就是等著被調整，最後仍然不得不覺悟。

二十多年前，我就跟比爾·蓋茲提過，微軟不應該抱持贏者通吃的心態，而是要讓所有共創價值的參與者利益平衡，才能永續發展。以前微軟不願意，後來被Google、蘋果（Apple）等競爭者顛覆後，不得不覺悟；像Windows 10，記起Windows 8的教訓，便照顧到用戶及所有利益相關者的利益。

雖然微軟是受外力所趨才改變，幸好基礎夠穩固，使用

者眾多，才不至於兵敗如山倒，有機會慢慢轉變過來。

▌利益平衡，才有永續的力量

　　但是，被外力顛覆畢竟是很痛苦的轉變過程，若再加上原有基礎不夠穩固，很可能就此倒地不起。所以，我才會說，改革不要等到外力來，最好是內驅的動力，及早調整。內部有這個覺悟，慢慢轉化，就不會那麼痛苦。

　　既得利益者更要把王道做為經營的源頭，因為不王道很難永續，共創價值也會變成共創損失。

　　原因是，既得利益者很容易為了保護自身利益，不知不覺變成腐敗的共犯結構，當系統失衡到有人忍無可忍時，革命就發生了！既得利益的組織領導人要有自覺，調整已經失衡的結構，除非不想要永續經營。

　　組織唯有讓所有參與者的利益平衡，才有可能獲得永續的力量。

　　另一個常見的問題是，有些人會看低顯性價值，認為只追求物質、有形、直接的利益，比隱性價值低等，這也是錯誤的想法。

　　從六面向價值來看永續經營，是要能隱顯並重，太過偏

向隱性價值，也會出問題。

▋ 獨樂樂，不如眾樂樂

我在國藝會推動藝文社會企業育成專案，希望讓台灣的文化藝術團體建構一個隱性價值顯性化的機制，成就生生不息的藝文發展生態。

顯而易見，藝術家創造的是隱性價值，不管是作品本身的創意或創作者的意念，若能啟發、激發他人，就有間接效益；就像很多的科學發明，它們是間接、無形影響未來，經過後人的應用，最後變成顯性價值。

但是，比起顯性價值的短視，很多只偏重隱性價值的藝術創作者，在市場存活的時間，反而比重視顯性價值者還要短；甚至在最初始，生存就成了最大的問題。其實，創作的價值體現，還是需要受到市場的檢視，而所創作的隱性價值，是獨樂樂還是眾樂樂，就與能否永續有關。

當然，不愁吃穿的藝術創作者不在此限，因為他們原本就擁有足夠的顯性資源，若只想要獨樂樂也可以。不過，以王道來思考，這些人還可以追求更王道的眾樂樂，創造出比獨樂樂更高的價值。

　　創作者如果沒有票房收入，或是沒有足夠的資源，導致日子過不去，每天抱怨社會、政府，其實是沒有意義的。

　　這時，創作者應該要問的是：我所創造的隱性價值，有沒有被人認同是有潛力的？對社會是否有貢獻？現在的隱性價值，有沒有機會變成未來的顯性價值？如此，才可以不斷調整，建構生生不息的永續創作條件。

▋ 向價值的另一端學習

　　台灣的學術界，一樣需要透過六面向價值來思考永續的可能；現在創造的，雖然是隱性價值，如：論文，也要考量到，有朝一日，能否轉換成能應用於實務的顯性價值，更不能只是閉門造車，跟社會、產業完全脫節。

　　顯性面向過重，可以向隱性價值高者學習；同理，隱性面向過重，也可以向顯性價值高者學習，因為我們的目的是常保平衡。

　　許多公益團體、慈善事業的盲點，也是出在不願意或不懂得經營顯性價值，完全只重視隱性價值，因而無法永續。從王道觀點來看，公益事業可以社會企業化，學習社會企業的經營方法。

　　社會企業的活動，原本就是為社會創造價值，經營不以營利為主要目的之事業，用六面向價值建立獲利模式，回饋給社會以及相關參與者，形成永續的社會價值創造系統。

▌為之於未有，治之於未亂

　　就我的看法，社會企業如有盈餘，至少應保留70％在企業裡，繼續為社會貢獻，擴大影響力，餘下的才能分紅給股東。

　　只要能創造出足夠的顯性價值，分給股東的紅利比銀行的存款利息還要多，甚至一樣，就能吸引有王道精神的投資人。他們知道支持好的社會企業，獲得的報酬除了有形的紅利，更重要的是，多出了間接、無形的隱性價值，也讓社會得到更多的價值回饋。

　　我希望，有一天能夠看到，社會企業也可以上市。

　　反之，營利事業比較習慣經營顯性價值，可以「類」社會企業化，學習社會企業的存在目的，是要為社會創造價值，一開始就把社會責任當成企業責任。譬如，為了大環境的健全，不做惡性競爭；創業初期，就做好長期培育人才計畫，因為人才是企業與社會成長的隱性價值。

　　正所謂千里之行，始於足下；王道之行，則始於永續。

第六章

慎始，
未兆易謀

王道，是中西合璧的雙融。

——施振榮

當你由內而外轉化，王道就會在你心中變成直覺領會（intuitive understanding），王道思想內化成為智的直覺（intuition），愈用愈能心領神會。

就像學習樂器，一開始你是看著樂譜練習；熟能生巧後，愈來愈能掌握樂器與旋律的連結特性。世界上所有出色音樂家的演奏，最後都是到達心領神會的直觀境界。

■ 雙融的趨勢

王道，不是全然的東方思考，而是中西合璧的雙融（ambicultural）。

雙融是在管理與組織上的世界趨勢，包含融合東西方文化、理論與實務、科技與人文、全球和在地、營利與非營利組織等，對立的概念或元素。

我的好朋友、也與我共同創辦王道薪傳班的陳明哲教授，在美國推動文化雙融的管理思想，他這麼形容：「王道是一種透過道德、而不是力氣，來達到一統與成功的理想。執王道的專業人士，透過自己的行動、信仰和理念，在組織灌輸這種理想。」

事實上，以美國為主流的西方管理學思潮，也開始認同

王道思維。

■ 從霸道變王道

早在2000年以前，管理學界就開始談企業社會責任（CSR）及環保；2001年，美國恩隆案爆發，使美國政府規範並積極強化公司治理；進入二十一世紀後，強調永續發展，外在的力量逼著霸道的資本主義，慢慢朝向王道傾斜。

只是，西方文化終究不是重視利他、中庸的東方思想，這也是為什麼《京都議定書》這麼難達成共識的原因，已開發的西方國家並不願意放棄自己的利益。

利己，雖然是美國等國發展經濟的動力，但為了維持社會平衡，他們也透過個人或組織回饋，企業家捐款給學校、做公益，是很普遍的現象。

最明顯的例子，就是像比爾‧蓋茲、巴菲特等高所得者的公益捐贈、慈善基金會、基督教捐出所得的百分之十等，透過他們的登高一呼、拋磚引玉，形成照顧弱勢團體的社會文化，希望達到社會和諧。

事實上，從六面向價值來看，社會和諧本來就是企業或組織應該要創造的隱性價值。

西方為了調整到更具創造價值的機制，以及照顧所有利益相關者，早早就訂下《反托拉斯法》，反對贏者通吃的壟斷者，用法令規範像是AT&T等美國壟斷性大企業要分家。

美國一些成熟大企業，像英特爾、德州儀器（TI）以及惠普（HP）所經營的企業文化，是具備王道精神的，但因在整個資本主義及贏者通吃的強大壓力下，面臨著重效率導向的外在環境，只要顯性價值不彰，董事會就移開資源，影響企業的走向，利益變得不平衡。

到此，應該會有不少人想問：「若我現在開始行王道，會不會重蹈那些企業的覆轍？」

答案是不會。

西方用近百年來的演進，印證它的遊戲規則，最終還是受到外在環境的推動，迫使其轉向東方的王道觀點。

■ 北歐比美國王道

那麼，我們回過頭來假設，若王道是最終之道，為什麼不一開始就做？何必要等到社會繳了那麼多慘痛教訓的學費、所居住的地球付出幾乎無可挽回的代價，再來反思？

觀看西方各經濟體的發展，我認為，社會主義的北歐是

比較偏向王道的國家。總部在丹麥的格蘭富台灣分公司總經理邊士杰（John Pien），在參加許多場王道講堂之座談問答後，就說王道跟北歐總部思維是相近的。

北歐國家的所得稅最高，但人民不像其他高所得稅的歐洲國家，會移民到低所得稅的地方，共享已經變成北歐的社會文化。

或許是因為人口不多，比較容易朝向共創價值、利益平衡的目標。我回想，四十多年前，宏碁推出的「小教授」一號、二號，銷售最好的地區就是北歐，可以想見，他們在創造新價值上的努力。

▍愛面子、不認輸，就是不王道

歐洲的法治精神、民主素養，是我們要學習的。另外，東方也不能不學西方的務實態度，尤其是華人文化要面子與不喜歡認輸，但愛面子跟不認輸，本身就是不王道，因為沒辦法創造比別人多的價值。

中國大陸改革開放後，受到西方影響太大，所有人都爭著出頭；另一方面，因為經濟快速成長帶來了許多機會，難免以顯性價值為主，忽略利益平衡。

　　另一個經濟成長快速的國家是韓國，但我也不認同他們的思維。

　　韓國的優點是企圖心強，但比較不擇手段，而且是政府與財團共同在社會上、國際上不擇手段，連韓國的年輕人與小企業，都難以有個人的生存空間，只能依靠大企業。

　　可是，王道就是要讓大大小小的王（leaders）、所有的利益相關者，都能在生態裡求得共創價值、利益平衡的空間。

　　三、四年前，我在亞洲公司治理協會談王道的創造價值、利益平衡、永續經營，在場的外國學者專家，都認同王道的概念。曾有外國學者提出，當年亞洲四小龍能夠有經濟奇蹟的共同點，就是因為儒家孔孟思想。

▌ 內在平衡，化解瑕疵

　　當然，如果採取東方王道觀點，不能說百分百不會出現漏洞，但是相較於西方資本主義，王道講的是反求諸己的扶正，自然會有股調整平衡的內在力量，一路解決出現的漏洞，而不會等到生態系統出現大問題時，才驚覺為時已晚。

　　再加上，如前所述，王道是雙融的思維，可以理解與整合不同的文化、元素、概念，進而共同創造價值。在王道的觀

點裡，世界不會是利己的唯我獨尊，美國想把她的民主政治變成普世價值，卻因霸道的老大哥思維，反倒造成世界亂象。

　　這個世界從來就不是為了獨尊「誰」而存在的，共榮共存比較符合人性，而不是贏者通吃。為了能讓大家更領會王道的思考藝術，再就幾個問題，深入探討王道。

▍與利益相關者共創價值

　　沒有人是一座孤島，也無法單獨存在，每個人都會有利益相關者。

　　家庭裡，父母、小孩、另一半、家族親人，都是你的利益相關者；職場裡，主管、同事、客戶，就是你的利益相關者。只要我們身在社會與群體之中，就要與所有的利益相關者共創價值。

　　如果你獨占成功，把別人都排除掉，無視於他人，就不是在修王道。

　　美國資本主義就是太過利己，造成贏者通吃、少數人獨占社會資源，才會有人民到哈佛大學商學院與華爾街抗爭，因為利益不平衡了。

　　你要跟人共創價值，就要懂得合作與欣賞別人，大家互

相讓一讓，關係比較容易平衡。

以夫妻為例，夫婦相處之道就是共創人生價值。我跟施太太牽手近五十年，也是共創價值，我們的家庭生活是一部分、家族是一部分、共同事業也是一部分，社會公益更是人生的一部分，我們的關係就是共創價值的合夥人。

共創價值，是共同創造六面向的價值，不是只有有形的金錢、資源，還有未來的機會。

▓ 有效溝通，化解歧異

如果與利益相關者的想法不同，或是利益有所衝突時，為王者，必須用有效的溝通來化解歧異。

有效的溝通是什麼？我稱為「陽謀」，因為相較於陰謀，陽謀是慢慢說服人，形成共識，改變人的思維與行為，因為王道不是以大壓小的霸道思維。

除此之外，共創價值需要有一個「C」，就是承諾（commitment）。

共創價值，是多數人已經有共識，少數人跟著多數人一起來共創價值。若你是屬於少數者，要用六面向價值重新思考，融入新的機制，做出共創價值的承諾；團隊承諾（team commitment）是很重要的，如果不願承諾，就不要在這個團隊裡。

> 王道的經營觀，是奉行「共創價值、誠信多贏」的商道。

■ 以商道行王道

　　共創包含兩方以上的關係，就王道的觀點，從產品到服務的過程，會有合作夥伴，王道就是用誠信多贏，與這些合作夥伴共創價值。

　　這也是我對商道兩字的解讀，商即是價值交換，買賣雙方就是共創價值的關係；道就是誠信多贏，而「共創價值、誠信多贏」，就是把王道落實到商道的祕訣。

　　因此，由王道產生的商道，也包含了隱性價值。

　　常言道，富不過三代，就是因為富一代、二代時，未能重視隱性價值。

　　換句話說，若想富過三代、甚至世世代代，擁有顯性財富的同時，也必須要重視隱性價值。

　　譬如，經商之家，就要了解真正的商者，除了經營事業之外，還要能正視人文關懷、社會責任、利他心等隱性財富與「才富」。

　　富二代的「財富」起跑點，比上一代好，如果能注入隱

性價值，累積之後，隱性財富就能再轉為顯性財富。

▌ 共創未來的價值

不少人會說，網路有很多免費的服務，是供應商提供商業價值給使用者。

就王道的觀點，供應商還是要奉行「共創價值、誠信多贏」的商道，因為那些免費服務對消費者來說，不是真正的零成本。雖然使用者是免費取得，實際上是與供應者共創未來的價值。

以王道的六面向價值來看，就能看清楚使用者成本是趨近於零，並不是完全免費。譬如，使用者無須付錢，就能下載APP或使用軟體服務，其實它只是物質上的免費，使用者相對付出隱私權、無法自由轉換系統、綁定合約等無形成本。

這樣的「買賣」關係，當然更需要王道思維，因為使用者付出的，是比金錢還更重要的隱私與自由！

王道講利益平衡，很多人對利益平衡有所誤解，以為平衡就是均分給大家。以王道思維來說，均分是一種假平衡。

為什麼？因為王道在利益平衡之前，還有一個共創價值；既然是大家共同創造價值，就會有貢獻多寡的問題。貢

獻包含有形、無形的投入，有形如資金，無形如人脈、智財技術，當然還包含所承擔的風險與用心程度。

每個人的智慧不同、客觀條件不同、能力不同，對組織或社會的貢獻當然也不一樣。真正的利益平衡，不是大家均分，是要視個人的貢獻程度而定。

利益平衡是動態性，也是相對性，不是絕對性的同一套標準，在某一個時間點，大家共創價值、利益平衡的機制，跟另一個時間點自是不同。

▌絕對標準使人迷失

但是，現在都在追求絕對性的統一標準。

以民主政治為例，它的理想是要照顧所有人的權益，但必須要在法治精神、民主素養、社會文明等客觀條件都成熟的情況下，民主政治才能真正發揮平等的作用；否則就如現在，我們看到一些因為迷失的民粹思想，變成追求假平等、假權利而不自知。

台灣社會把尊重每一個人的人權無限上綱，結果就是忽略了多數人的人權；再加上媒體炒作，導致似是而非的現象，例如，用違反個人權益為由，抗議或想推翻多數決的結

果。其實，我們應該要先了解，社會的和諧是遵守法治，而民主的精神是尊重多數決。

事實上，公司的民主表決，也不是絕對性的一人一票，而是按照每位股東所承擔的風險、投入的資源，與之成正比，貢獻多者要多給，否則就是不平衡、不王道。這種絕對性的錯誤認知，會把利益平衡變成假正義、假公平。

■ 建立向前走的誘因

微笑曲線，是在分析整條價值鏈上每一個分工的附加價值，產業的發展最後會從垂直整合，到垂直分工暨水平整合。但是，現在的世界是平台競爭，也就是跨產業的多元整合，市場需要的不只是一條價值鏈，平台生態也是不同條價值鏈生態的整合。

平台生態模式能夠跨產業、跨領域、跨國家，分享更大的價值給所有利益相關者。

典範已經轉移，只在原有的價值鏈上，無法創造相對大的價值，必須要透過跨業整合才能實現。然而，這其中的挑戰會更大，關鍵還是在於，王者（整合者）要以王道建立起利益平衡的機制，重視每一個利益相關者，才有可能產生誘

因，讓大家往前走。

尤其，跨產業的多元整合，與價值鏈的水平整合，兩者本質並不相同。

價值鏈的水平整合，是指同一件事，因為過去已在垂直分工裡產生有效方法；水平整合，是放大對的模式，將之規模化、降低成本。

跨產業的多元整合，是跨越不同價值鏈，提供一個有效垂直與水平整合的模式，而不是複製對的模式，也不是價值鏈規模化，因為那已存在於價值鏈上的每一個垂直分工裡，而是將平台規模擴大，提高附加價值。

▌察其所本，君子慎始

從另一個角度看，跨產業的多元整合，會促進原來價值鏈分工體系改變，過去是在同一條價值鏈上垂直分工，後來才演變成多元化的垂直分工。

然而，對於多元整合要特別注意，因為它失之毫釐，差之千里。

第一，由於它可能會是全新的整合模式，挑戰在於必須不斷創新、調整，才能找到，並且在過程裡，一定是落實在

實質的市場應證，而不能像創新科技一般，可以在實驗室裡印證。

第二，它可能是用了價值鏈A的100%、價值鏈B的50%、價值鏈C的10%，但不能因此小看價值鏈C的10%，因為若沒有它，多元整合便無法成功，所以不是看數字。

就如同在舞台上，精彩的戲是主角與配角同樣重要，多元整合是團隊思維，會有無窮多的新模式，隨著每次調整，組成比重不同，王者更要重視每一個利益相關者，因為缺少任何一個，整個多元整合就不能成形。

■ 用關鍵因素做關鍵決定

現在的社會，充滿以「非關鍵因素」做「關鍵決定」的現象。

我常被記者問到對未來景氣的看法，說實話，我認為，景氣不是長期經營決策的關鍵因素，只要核心價值不斷提升，企業或組織本身就有能力面對景氣高低，調整自己。景氣好時，借重它，營收高一點；景氣不好時，放緩速度，少賺一點，但是長期經營決策不會有所改變。

我觀察，不少的法令或政府的施政，都是用「非關鍵的

因素」做「關鍵的決定」，甚至常會翻轉決策，這對於永續
社會是不好的影響。

那，什麼才是關鍵因素？

利益平衡與共創價值，才是不變的真理。所有的問題解
到最後，你會發覺，都是因為沒有做到這兩項。就社會整體
而言，也唯有建立共創價值、利益平衡的機制，才能夠永續
創造價值。

▌ 創造相對大的價值就是王道

王者，可以說是各行各業的領導者，在各自的領域裡
「圈地為王」。過程中，難免會與別人的圈地重疊，競爭就是
這麼產生的。

王道的競爭，是相對大的概念，在同樣的圈地裡，你創
造的價值相對比他人的大，就是王道。若別人比你創造更多
的價值，你就向他學習，在動態系統裡，用新的方法創造相
對大的價值，止於至善。社會就是因為有良性競爭，才能不
斷進步。

每個領導人對王道的詮釋，可能不太一樣，但本來就
應該不一樣！王道，是面對不同的環境與情況，就要有不同

的應變與策略；每個王者的風格也不同，唯一不變的，就是「創造價值、利益平衡、永續經營」十二字真訣。

由此，我們再深入探討「me too」。你還是可以從「me too」開始，只要過程裡尋求不「me too」的方法，就不能算是「me too」，這是關鍵所在。

只要是為了滿足市場需求，比原來競爭者更創新或更有經營效率，做相同的產業就不叫「me too」，做同樣的產品也不叫「me too」。

譬如，在飽和的市場裡，創造出間接、無形、未來的隱性價值，像產品或服務對消費者更有價值，或提升整體產業效率、對地球更環保等，淘汰不王道的競爭者。

所以，在成熟的產業，還是可以行王道，除非成熟到根本沒有創新的空間，市場也已經從紅海變成死海。

▍價值為負，便不王道

實際上，價值也有負向的，這是我過去比較少著墨。我們都能理解，在價值的數字後頭加一個0，表示價值增加；但一不小心，你的所作所為，也可能是在價值的前頭加上一個負號。

　　為什麼會有負號？因為你對產業或社會，帶來了負面的影響。

　　從六面向價值來思考，許多社會的問題就能夠迎刃而解，例如：當山寨王國的王者，是不是王道呢？有人會說，它也是為市場創造價值，讓產品更普及化啊！

　　侵權的山寨，是不王道的，它對於產業的未來創新、社會價值觀，帶來負面影響。

　　當大家習慣侵權的山寨，就愈多坐收漁翁之利者，壓縮創新者的生存與成長空間；嚴重的話，整體產業都沒人要做創新者了，因為會變成「傻子」，千辛萬苦研發出來的產品，市場一下子就多了一堆「侵權的山寨版」。

　　不僅如此，放縱山寨的結果，社會價值觀也會產生偏差，對創新者的不尊重、對隱性價值的不重視，在在都阻礙社會進步。

　　從六面向分析，它產生的是負向價值。

■ 改變惡性競爭態勢

　　我到中國對企業家演講，也鼓勵他們學習王道思維，來看未來的新中國。

我跟他們說，中國要富強，就是思考存在的意義，要對世界、人類有貢獻，被全球讚譽、嚮往，不能再做侵權的山寨與霸「盜」的事了！

惡性競爭也是不王道，會讓整體產業的價值由正轉負。

當市場已經沒有成長空間，王道領導人有責任要轉移陣線，不要火上加油，助長惡質競爭，應該尋求更王道的方法，改變惡性競爭的態勢。

我一直在思索王道與霸道，也在王道薪傳班跟學員討論過這個議題。

兩千多年前，孟子主張政治與道德合一的王道政治，曾比較「霸」與「王」的差別：「以力假仁者霸，霸必有大國；以德行仁者王，王不待大。」（注6）這也是為何我說，行王道相較於行霸道，它的未來能夠更有長遠效益、更趨永續的原因。

▌ 霸道可以做強，王道可以做久

霸道是以力假仁，所謂的有大國，需要配合環境、條件；欲行霸道的王者，其本身的資源與實力，就是「大國」等級，才能夠支持他以武力去攻城掠地。但因為是以力量征

服他人，容易被心不服者推翻。

　　王道則是以德行仁，所謂不待大，是因為以品德服人，無須受限於環境、條件，只要有一小塊地，就能成為王者。

　　這也是我第一部所說的王者圈地的學問；當王不一定要當大王，能力不足時，先圈小小的地，從小小的王歷練起。由於是真心的以德服人，大家一開始就是心悅誠服，自然能長治久安。

　　其實，就孟子的論述，王道不像霸道需要大國的條件，行王道也無須如霸道一般，要擔心被不服者推翻。所以，他主張王道，而不主張霸道。

　　霸道與王道雖然都能得天下，但因王者的初心不同，結局也不同。我得出一個結論是，霸道可以做強（大），王道可以做久；但強者若不王道，最終會因為利益不平衡，無法再提供所有參與者足夠的共創價值誘因，以致無法永續發展。

　　從歷史上來看，秦始皇就是因為行霸道，才會傳位一世就滅亡。

　　相對來說，淘汰不王道的競爭者，才是王道精神，如：終結暴秦的漢高祖劉邦、父子聯手推翻昏君隋煬帝的唐高祖李淵與唐太宗李世民，他們在改朝換代後，行王道，德惠施於天下蒼生（利益相關者），奠定漢唐盛世的基礎。

對應到現今的企業競爭，蘋果一開始也是因為行王道而得天下，推出智慧型手機與平板電腦，為消費者創造了新的價值，也與利益相關者分享利益，達到平衡，改變過去微特爾（Wintel，指微軟與英特爾）主導的利益不平衡產業生態。

▌不再王道，也很難做久

雖然，古時的君王稱為「天子」，意即要臣民遵循天意，不挑戰其王位，但若繼承大統的王者不行王道，導致天下蒼生的長期利益不平衡，朝代一樣無法永續。這樣的例子，比比皆是。

我在觀察，蘋果坐大之後，在美國贏者通吃、投資人重視績效數字的外在環境壓力下，它的未來能不能永續經營，還是要看能否持續符合王道精神。

目前，企業界有一種主流思想，認為企業要霸道才能贏得競爭。不過，王道的目標也是要贏得競爭，只是，王道的領導者是「內聖外王」，霸氣是用於對利益相關者負責，帶頭讓生態更王道，而不是霸道的壓迫他人，完全不管利益平衡與否。

因為王道看的是永續，比起做大，更重視做久，只要能

夠重視六面向價值，建立起利益平衡的機制，與所有參與者
共存共榮，持續創造出更多價值，小王也能變大王。

注6　出自《孟子‧公孫丑上》：「孟子曰：『以力假仁者霸，霸必有大國；以
　　　德行仁者王，王不待大，湯以七十里，文王以百里。以力服人者，非心服
　　　也，力不贍也；以德服人者，中心悅而誠服也，如七十子之服孔子也。』」

CHAPTER 3

行王道，王道行

今日王道，
所以處動態、辨衡點、調利益，
不可不悟。

第七章

創值的智慧

一以貫之、以終為始、吐故納新、價暢其流。

——施振榮

　　昔日的王道，是孟子所談的帝王之道（king's way），我提的今日王道，則是組織的領導人之道（leader's way）。

　　前兩部裡，我根據自己體悟出的王道心法以及四十年實務心得，談了很多今日王道的觀點，先為大家重建競爭的哲學基礎，再轉化為六面向價值總帳論的思考層次。

　　所謂坐而言不如起而行，重建、轉化為王道思維後的下一步，就是行動。

■ 踏出王道的第一步

　　道，在《說文解字》中的解釋是：「所行道也。从辵从首。一達謂之道。」意即面之所向、行之所達，我們面向哪裡、走到哪裡，道就在哪裡。

　　當你的心認同了王道，也將腦袋思維轉換成隱顯並重的六面向價值，便是趨近王道的第一步。但如果僅是這樣，依然還不是真正的王道；接著，你必須想辦法行王道，開始走上企業或組織的王道行。

　　當東方的王道思維，遇上西方的管理理論，要如何把抽象的哲學心法變成可以應用的實戰兵法，這是我不斷在思考的事；在此同時，智榮基金會也投入研發，發展出一套王道

創值兵法的系統思考工具，融會貫通王道的「創造價值、利益平衡、永續經營」基本信念，運用於真實的全球競爭。

▋ 在創值中悟道

一切智，俱於創值中悟。

就我來看，身為一個人，以及做為一位領導者，兩者的共通之處就是要創造價值，個人與組織的智慧，也是在創值裡逐漸體悟、累積。

我把悟分為粗悟與細悟，粗悟是大方向、原則性的悟；細悟跟能力有關，尤其是一個組織的領悟，要靠領導人的帶領與傳承，從組織學習、溝通、凝聚共識、策略規劃等多個面向，在企業或組織內部，落實王道精神。

道，從另一層面來看，也是領導者的責任；領導人在組織裡最重要的工作，就是不斷創造價值，持續利益平衡。

因此，王道創值兵法的目的很清楚，就是要以王道的系統觀，設計出「一以貫之、以終為始、吐故納新、價暢其流」四項王道修練，在企業內建立王道型組織，把王道的基本理念，轉化為實際的管理制度與行為，協助領導人在動態競爭裡，破除系統與人性盲點，循序漸進釐清企業的本質問題，

以及所處的競爭動態層次。

如此，領導人縱使面對萬變的環境，也都能依循內心的王道定見，根據當下狀態，產生因應未來的策略洞見，更可以在每個關鍵轉折點，達到利益平衡，走向價值的永續。

▌ 一以貫之，策略之本

創造價值、利益平衡、永續經營，這十二個字正是「一以貫之」的精髓。王道追求永續，王道領導者要創造價值，掌握了基本概念，才知道自己要達成的目標是什麼。

先明瞭自己要創造什麼樣的價值、如何創造價值，才有機會真正實現永續。之後，落實到行為面，才有可能呼應王道精神，成為名副其實的王道人。

如果說，王道，是一以貫之的心法，那麼，六面向價值，就是一以貫之的方法。

無論是在個人的人生規劃，或是企業、組織的經營管理，一定會碰到許多想不通、難以抉擇的兩難問題。此時就要問自己：個人、企業或組織，想在哪個領域創造什麼樣的價值？想要用何種模式創造價值？這就是願景跟使命，策略思考也是由此出發。

■ 合利而動

你要把六面向價值當成金字塔的最頂端，由它往下思索、衡量組織層次、個人層次的隱性與顯性價值相關議題，並建構一個利益平衡的機制（圖4）。同時，你也要完全理解，利益平衡是動態、相對的，因而要時時衡量、調整天平的兩端，在不同時間與狀態下重置資源，達到利益平衡，因為只要不平衡，就無法永續。

一以貫之，最重要的關鍵，是隨時調整六面向價值的權重，達到王道講求的平衡、和諧之道。

四十年來，王道一直在我的腦袋裡，每次面對變化，我會用六面向價值，跳脫集體與社會的半盲文化，縱觀全局，與所有利益相關者共創價值、利益平衡。

競爭是文明進步的機制，也是時時刻刻發生的。那麼，企業該如何創造出比競爭者更高的價值？

我們不可能抱著別人不崛起的期待，而不去思考永續之道，那樣是不切實際的。

世界是平的，後進者爭取在產業價值鏈扮演更重要的地位，因競爭而影響到其他組織、地區、國家原本所占的位置，這本來就是人類文明發展及進步的常態。

圖4 透過六面向價值思索隱顯價值，建構利益平衡機制

一以貫之

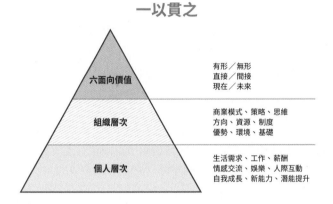

六面向價值	有形／無形 直接／間接 現在／未來
組織層次	商業模式、策略、思維 方向、資源、制度 優勢、環境、基礎
個人層次	生活需求、工作、薪酬 情感交流、娛樂、人際互動 自我成長、新能力、潛能提升

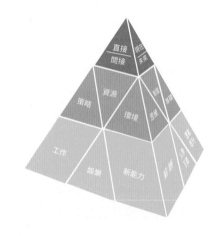

　　譬如，全球都在看中國大陸的紅色供應鏈，該把它當成機會？還是威脅？我的看法是，供應鏈不分顏色，當然也包括整合紅色供應鏈的資源。

■ 以終為始，創值之法

　　以終為始，便是很好的創值思考方法。

　　終，就是最終的使用者與消費者，只要能洞悉與滿足他們的需求，就能找到創造新價值的起點。

　　消費者、競爭者與企業，是三者一起的連動關係。

　　企業若不了解市場與顧客需求，就無法洞悉競爭者的意圖，擬出對的市場策略，自然也很難創造出比競爭者更高的價值（圖5）。

　　我自己多年的心得是，要以終為始，回歸使用者需求。

　　使用者導向，也是新新宏碁的新核心價值之一；2014年，在原有的「正直、團隊、創新」核心價值基礎上，強化王道精神，加入「改變世界熱情、使用者導向、利益平衡生生不息」三個新核心價值。

　　由於王道是比誰能為社會創造更高的價值，淘汰沒有競爭力、浪費社會資源的競爭者，本身就是王道生態的自然法

圖5　掌握市場與顧客需求，創造比競爭對手更高的價值

以終為始

*部分參考 陳明哲教授 的動態競爭理論

則。為了因應當下的大環境，你必須與時俱進，追求更有效的創值策略。

▌人應順天

　　當下的大環境，就是天地。天是**趨勢**，也是常態、循環，全球的大**趨勢**基本上是一致的，但會根據不同國家、產業、區域，發生的時間與型態有所差異。

　　比起人定勝天，我更覺得是人應順天。

　　對於天，我們只能敬祂，就像你擋不住大**趨勢**的來到。不要逆天行事，順著大局勢，在變動的大環境裡做好準備，有效保護企業。

　　有句俗話，叫作「順天應人」，意思是要我們學習，在最恰當的時刻、做最恰當的事；這件事，不一定是開創什麼偉大的事業、推出什麼優秀的產品或服務，有時，在適當的時候選擇放手，反倒是更難得的智慧。

　　唯有這樣，才能最有效運用資源，更有效創造價值。就像氣象預報會有颱風，做好防颱準備才是當務之急，不要浪費時間在那些不得要領、無利可圖的項目。

　　順著當下的大環境，想辦法行王道，了解市場後，再與

所有利益相關者共創價值。

▌攻心為上

與天相連動的，就是地。

地，是因地制宜，把你的價值落實在當地市場，套句大陸的慣用語，就是接地氣。你要觀察市場在哪、消費者的需求為何。

消費者的需求，隨著時間不斷變化，在這種情況下，當然要了解當地市場的消費者需求與體驗，面對它、了解它、呼應它，才能落實創新。

在這段過程裡，連企業的目標都會改變。可能是因為原有市場價值供過於求，不斷遞減；也可能是消費者的需求已經轉變，甚或不再喜歡你提供的價值。當價值慢慢消失，要丟掉過去的包袱，不斷創新。

創新有三個要素：要能創造價值、要有創意，同時要能落實執行。怎麼落實執行，就是接地氣；要用何種方法落地，就要有可行性的創意。

可是，落地就沒事了嗎？

當然不是。緊接著，還要進一步觀察，看看企業所提供

的產品或服務，對消費者產生哪些價值；如果提供的價值無法滿足消費者，創新就無法體現。

▌吐故納新，變革之力

吐故納新的目的，是提升組織創新能量，以組織六能量立體矩陣（圖6）為思考基礎，讓企業或組織在「老套」未老之前，發展能夠創造未來價值的「新套」。

因為顯性價值會隨環境、時間的變化而貶值，在典範轉移前，領導人就要懂得吐故納新，尋找組織的創新契機，投資能隱顯轉換的未來價值，進行變革。

推動變革管理，領導人要帶領組織團隊一起換腦袋。換腦袋，就是換思維。

王道領導人要幫員工「洗腦」，塑造能夠共創價值、接受利益平衡的思維，也要投資培養員工的能力，尤其是在每個創新的初期，員工不一定具備應對新事業所需的能力。

要成為有「創造價值、利益平衡、永續經營」思維的王道型組織，領導人就要有相對應的管理機制，如：關鍵績效指標，要加入與調整隱性價值的比重。

不僅如此，領導人也要轉念，認清自己是要為整個組織

圖6　以組織六能量立體矩陣為思考基礎，讓企業或組織在「老套」未老之前，發展能夠創造未來價值的「新套」

吐故納新

	願景 與策略	組織 基礎能力	創造力	學習型 組織	資訊 與知識	價值鏈
診斷						
策略						
計畫 與資源						
檢視						

*部分參考 Arthur D. Little 於2001年的研究報告
"The Innovative Company-Using Policy to
Promote the Development of Capacities of Innovation"

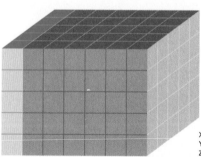

X軸：組織六能量
Y軸：思考步驟
Z軸：應用範疇

服務。

　　我創業時，腦筋想的都是年輕人在想什麼？未來的需求是什麼？領導人不能只站在自己想做什麼的角度去想事情，還要站在員工、消費者的立場思考，這樣才能夠打造共創價值的組織環境。

　　組織環境有兩個重要的影響因素：一是組織文化與價值觀，二是組織制度與規章，如：獎懲措施。

　　制度與規章，最好是立法從寬、執法從嚴，保留靈活變通的空間，因為如果訂得太死、太細，反倒沒有效率；而且，從寬後，違反規定者會得不償失，大家才會更遵守。人是環境的動物，要用有形的制度規範，以及無形的組織文化與價值觀，做為員工行為的依據。

■ 令必素行

　　企業中的變革，如果不能順利推行或難以改變，往往就是受到組織文化的影響。領導人是提升組織創新能力的關鍵人物，重點在形塑組織文化、溝通共識，並貫徹到日常管理中，內化為員工的思維。

　　《孫子兵法》中提到：「故合之以文，齊之以武，是謂必

取。令素行以教其民，則民服；令素不行以教其民，則民不服。令素行者，與眾相得也。」意思就是，領兵打仗未必以人多取勝，而是要將帥以身作則，明確貫徹執行命令。

所以，我在每次變革時，一定會以身作則，充分溝通，在內部形成大原則的共識；像這次以王道三造宏碁，為了要更有效，我投入許多心力，不斷透過錄影、文宣、出席共識會議，與內部主管、員工溝通；同時，黃少華也運用午餐時間，以「**翻轉人生**」為題，傳承王道經驗。

■ 價暢其流，平衡之策

傳統的商道，講究貨暢其流；而我認為的商道，重點放在共創價值，所以，若要從商道到王道，就要追求含括隱性與顯性價值的價暢其流。

所謂價暢其流，就是要有效整合企業價值鏈上的每一個內、外部環節，從源頭開始，就要將對的價值，順暢傳遞到對的顧客手上。

但，為什麼要價暢其流？

第一個理由，是因為王道要建構一個與利益相關者共創價值、利益平衡的機制。

利益平衡是王道的中心思想，因此，企業價值鏈所創造的價值，必須由其中的利益相關者共享，才不會失去平衡。

大部分人在談企業價值鏈活動時，都只聚焦在智財權、研發、生產、行銷、銷售、顧客、消費者的內部價值鏈活動；但是，王道要達到所有參與者的利益平衡。

王道領導人要清楚，所謂企業價值鏈，其實是有一條跑道，串連內部銷售鏈與外部消費鏈，而王道領導人的角色，就是要以王道精神，執行出一條暢通無阻的價值鏈。

> 王道講的是價暢其流，把對的價值順暢傳遞到對的顧客手上。

價值不斷鏈

王道重視價暢其流的另一個理由，是因為那原本就是全球價值鏈競爭的特色。我很早以前就說過一句話：「再強，強不過最弱的一環」。

全球的競爭，已經是價值鏈與價值鏈的競爭，分工者要能上下逢源，整合者要能整合全球最佳資源，大家一起創造價值。

然而，只要產業鏈中任何一項分工低於整體標準，整條

價值鏈就會降到那個分工的標準；譬如，原本大家表現都為A級，其中一個分工降為C級，整條價值鏈就變成C級。

王道要創造的價值是附加價值，因此，同理可證，只要有其中一個分工未能創造更高的附加價值，整條價值鏈的附加價值也會遞減，甚至轉為負向價值。

所以，企業價值鏈活動，不僅需要端到端的有效整合，同時要直接面對市場，為消費者提供價值。

如果無法價暢其流，就會面臨斷鏈的危機。內部創造價值鏈的斷鏈，會造成價值無法有效傳遞給消費者；與外部供應鏈斷鏈，會輸給競爭者，甚或使整條企業價值鏈消失。

■ 法隨將轉

一言以蔽之，王道的四項修練，包括：一以貫之、以終為始、吐故納新、價暢其流。

一以貫之，讓企業能以六面向價值，創造組織與個人的更高價值；以終為始，使企業從符合消費者所需，做為創值的起點，並比競爭者更王道；吐故納新，讓領導人建構具有永續體質的王道型組織，打造高度創新能量的組織團隊。

最後，透過價暢其流，使組織所有內、外部價值鏈上

的活動，順暢無阻的面向市場，把對的價值傳遞給對的消費者，體現企業所創造的價值（圖7）。

然而，方法是讓人活用的，不能死套。王道創值兵法就像領導人的北極星，當領導人學會後，就要懂得融會貫通。將要靈活，兵法才能活用；因為企業在市場面對的是人，而人是活的，昨天想要的跟今天想要的可能不太一樣，事實上每個人也都不一樣。

■ 廟算者贏

更重要的是，創值應該要以正面思維與樂觀態度來看待所有問題。

負面思維與批評態度，可以用來檢討，讓我們記取教訓，但以此來看任何事，最終會無解。我觀察到，在如今這個網路年代，社會集體思考已然陷入無止境的批評循環，而那會阻礙國家、企業、組織與個人創新能量。

只花時間批評其他人、事、物，絕對划不來，因為無法創造更高的價值。

碰到困境，你的精神與心力應該是放在面對與突破，然後，為了能活在未來，提出一種新的思維，去貫徹它。

圖7　企業內部的創造價值鏈與外部的供應鏈要價暢其流，才能有效傳遞價值給消費者，與競爭者相抗衡

價暢其流

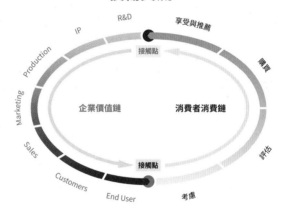

第八章

改變世界的
熱情

用王道思維去轉型，
才能建構新的共創價值、利益平衡機制。

——施振榮

轉型，不是件易事，甚至比創業更費力。

大多數的創業，都會在起跑線上經歷比想像中更長的時間，在生存邊緣奮鬥許久。但只要氣夠長，不打輸不起的仗，就有機會建立成功的獲利模式。

然而，不像創業的成長曲線基準點是由零開始，若不是企業主動，轉型與變革的起始點，大部分不是零，甚至反倒是負數，並且在達到零這個基準點之前，還要對抗一條失速下滑的負價值曲線。

更重要的是，這個負所影響的，不只是財務數字，還包括無形的信心、慣性。三造宏碁，就是處於這樣的狀態。

▌失速的大船

「三造新新宏碁」與「二造新宏碁」是完全不同的情況。

二造時，宏碁還處在高度成長的產業環境，之所以需要變革，是因為內部的組織問題。

當時集團的組織架構不合時宜，內耗太多能量，以致失去競爭力。於是，我把研發製造、品牌行銷分家，使其各自發揮，有效運作。果然，變革的效益就出來了，也符合王道精神，創造比過去更高的長期價值。

　　但是，2013年底的三造，卻是宏碁處於時不我予的競爭弱勢。全球個人電腦產業，原先由五家品牌鼎立，後來卻逐漸演變成聯想、華碩市場占有率往上攀升，惠普、戴爾（Dell）持平，宏碁則一路下滑。

　　不僅僅是這樣，還加上PC市場也在萎縮，原本宏碁仰賴以PC為核心（PC Centric）的顯性價值，已不符合以行動性為核心的趨勢。

　　面對這樣的局勢，如果再不創造新的價值，宏碁勢必在典範轉移過程中被淘汰。

　　宏碁這艘大船，從2011年到2013年處於失速狀態，我必須一邊穩住它的失控，一邊幫它建構啟動未來成長力道的新引擎。

▍ 在競爭中迷航

　　在三造的過程中，我益發感受到行王道的必要性。

　　經營企業說難不難，說簡單也不簡單；如果想要永續經營，就要把握共創價值、利益平衡的六面向價值思考。

　　我早在2011年就說過，宏碁需要三造，因為依據王道精神，當時的宏碁可以說已不再是王道企業。

在前執行長蘭奇為主導的西方管理思維下，利益變得不平衡，像是為了衝業績，塞貨給經銷商；側重財務數字、績效等顯性價值，忽視組織傳承、隱性價值投資。

回想過去，十多年前，宏碁就已經在思考後PC時代的藍圖。我在1996年到美國演講時，提出未來新興型態裝置XC；2001年二造時，也提出巨架構（雲）、微服務（APP）的思維。

只不過，宏碁在我退休後，只聚焦於PC的機會，以至於因為沒有投資足夠的隱性價值，錯失2010年行動裝置與雲端市場成熟的時機。

就是因為這樣，所以我才在第二部中，不斷強調六面向價值的重要性。領導人要建立起六面向平衡、隱性價值轉換為顯性價值的循環機制，否則當成長困境來臨，真會有青黃不接之感。

■ 重返王道的舵手

我心裡很清楚，三造宏碁的治本之道，得從組織文化著手，喚起宏碁人的王道DNA，重新回到「創造價值、利益平衡、永續經營」的思維。

　　所以，在還沒回去前，我就已經開始物色接棒的董事長、執行長人選。

　　我找回黃少華接董事長，他跟我相處四十多年，不論格局、實務經驗、人脈、員工對他的信任度，都堪擔大任，重點是他也是王道領導人。

　　不過，對於執行長人選，我著實費了一番功夫；後來，一聽到陳俊聖確定要離開台積電的消息，立即找他深談。

　　其實，早在多年前陳俊聖擔任英特爾全球副總裁時，我就認識這位年輕人了。我對他印象極為深刻，這位來自台灣的年輕人，竟然能把老美罩住，還有五個是他的前老闆。

　　陳俊聖是個不怕挑戰的人，PC硬體在走下坡，宏碁又虧損超過新台幣兩百億元，他到宏碁擔任執行長，本質上就是吃力不討好的事。

　　回去宏碁前，我就確認了交棒的布局；等我的「王道」任務告一個段落，就由黃少華接下董事長，做滿一任，再交棒給陳俊聖。

■ 各司其職

　　一般企業就是一個人當代表，宏碁是我們三位，全世界

恐怕沒有這樣的案例。我們三人的分工是，他們兩人負責穩住大船的速度，保持前進的動能，之後找到新機會，才有足夠的動力加速衝刺。

嚴格說來，他們的責任比我更重，由他們扮演更關鍵的角色是合理的，而且他們年輕力壯，我則還有其他社會使命。

企業或組織要行王道，王者是很關鍵的角色，像黃少華與陳俊聖，都是有使命感的人，也重視長期的隱性價值，他們都知道，新策略的形成需要以六面向價值考量，充分溝通。而最重要的是，我們三人都有共識，宏碁不能死守PC，未來不能只是純硬體品牌的公司。

至於我，則是扛下走出一條新路的責任。

這樣的分工，有幾項考量：一是，萬一失敗了，我可以擋子彈，扛下變革的主要責任；二是，我比較不容易失敗，理由是我的個性很容易認輸，只要不對會馬上調整，調到最後，就能找到贏的方法。

▋ 夜空中的北極星

如果把企業經營比喻成在廣闊無垠海面上航行的船隻，王道就是指引方向的北極星，無論這艘大船要駛往何處，都

不會迷航，終能尋到值得開墾的土地。

過去十年，宏碁的資源配置有誤，太過期待超薄筆電、Windows 8與觸控產品；結果，產品雖領先推出，卻因市場並不買單，損失慘重。

從王道來看，老套（PC）在未來無法創造出更高的價值，因此要運用現有基礎，趕快發展「新套」，並占有一席之地。

所以，我思考的方向是：PC已經沒有成長空間，如何利用PC做為雲端事業的灘頭堡？

雲端是擋不住的趨勢，但相對先行者，宏碁資源比不過；跟著歐美模式走，台灣也一定打不過，於是，自建雲的想法就出來了。

現在的雲，都是在講像Google那樣的大雲或公共雲，但依王道圈地的原則，我要先找到能夠創造價值的空間或題目，再建構一個共創價值、利益平衡的機制。

我認為，私有雲（private cloud）有創造新價值的空間，在我的想像藍圖中，自建雲是把筆電、桌機、伺服器等各種型態的電腦，全都變成雲，那麼，就會有許多大大小小、近在眼前的私有雲。

自建雲也讓宏碁進入「New C&C（computing and communication）」時代，轉型為「硬體＋軟體＋服務」的跨領域整合者。

▍世事如棋

　　以往的C&C，讓ICT產業的電腦與通訊廠商分屬兩邊（見表1），雙方都想跨界，卻找不到方法。但自建雲必須結合電腦科技與雲端服務，宏碁若想幫客戶打造自己的雲（BYOC），就要能提供軟、硬體整合服務的整套雲端方案。

　　宏碁重新部署資源，讓硬體產品，如：筆電、平板、手機等行動裝置，都將能和自建雲串連，打造「硬體＋服務＋軟體」的新商業模式，以及王道生態的平台。

　　硬體仍是宏碁的核心能力，只是投入資源減少，不再用過去那麼耗資源的作戰方式，保留部分的資源，轉移新戰場。

　　下圍棋時，高手都會到處做活眼；宏碁之前會陷入困境，是因為只有PC這一個活眼。

　　企業經營如高手過招，專注本業的同時，又要保持彈性，探索未來，最好是滿盤活眼。其實，碁就是圍棋的意思，但企業的棋盤無窮大，經營猶如一場下不完的百年棋。

　　未來，會有更多無所不在的雲，現在是手機比房間的電

表1 新舊C&C比較

	新C&C	舊C&C
倡議者	宏碁榮譽董事長施振榮	NEC會長小林宏治
倡議啓動年	2014	1977
產品	軟體平台配合硬體	硬體
思維	軟體服務	硬體製造
競爭	共存共榮	贏者通吃
生態	垂直分工與平台整合的王道結盟	垂直整合、大者獨大
結果	造就許多小贏家	各自領域贏家（沒有整合贏家）

腦還重要，再過二十年後，所有的載具（device），無論大小，都可以是雲或端。

我告訴同仁，自建雲是很清楚的方向，宏碁有軟、硬體技術的基礎，大家要借重PC原有基礎，與自建雲整合，轉向為提供服務。

一開始，不少人聽到宏碁要發展自建雲，都有個問號：雲端服務並非台灣硬體品牌的強項，宏碁的優勢在哪？

事實上，早在十多年前，宏碁就投資網路事業，有不少「碁」字輩的子公司；後來，網路泡沫化，王振堂全心發展PC，還保留一些核心技術，合併到集團電子事業部裡，慢慢發展雲端服務。

十多年前的小「碁」們，變成現在自建雲的基礎。

▊ 十年磨一劍

像2015年1月江蕙演唱會加場的案子，首開國內演唱會「預填購票志願」線上售票服務先例，建立公平的購票機制。欲購票者先填寫預購單，預選五個期望場次，一人限購四張，開賣時，省去填寫手續。雖然，預購單不代表一定能成功購票，但解決了歌迷因「秒殺」產生的排隊購票之苦。

這次任務從票務系統、網路設備、電子商務、資安、資料中心等環節，動員宏碁雲端服務平台，都是過去大大小小的「碁」。

如果不是宏碁有雲端服務的背景，也持續在這個領域裡發展，累積實力，勢必很難在短短兩個星期內，透過穩定網路、售票系統、人性化流程的三大關卡，完成任務。在這個過程，防護網成功防堵上千萬個駭客。

這也是我強調的，隱性面向要能在未來轉換為顯性價值，王道領導人要建立起隱顯轉換循環的機制。

雲端服務對宏碁來說，並非全新經驗，只是過去沒有與PC硬體整合，發展雲端服務品牌。

　　不只是江蕙演唱會，宏碁旗下的電子化事業群過去也做過資料中心安全管理，長期投入企業應用及電子商務解決方案經營，具備亞洲第一的國際級資訊安全認證水準，擁有交通票證（捷運悠遊卡）、電子拍賣、電子書、藝文活動售票等金流支付與電子化平台服務的實務經驗，也和PChome合作支付連、與裕隆汽車在杭州推出二手車拍賣的雲端服務。

■ 讓身心靈都王道

　　我常說，台灣不缺人才，只缺舞台。為了發展自建雲，我們也啟動騰雲計畫，招募人才。同時，陳俊聖更積極讓宏碁內部員工、外部客戶，都能充分了解自建雲服務。

　　當然，自建雲也要體現王道精神，建構一個共創價值、利益平衡的產業生態；我們結盟超過四十個不同產業的合作夥伴，包含電信通訊廠商翱騰公司（Octon Inc.）等，預期將可達百家、千家，希望以改變世界的熱情，邀請更多企業一起在雲時代行王道。

　　改變世界的熱情，是新新宏碁的核心價值之一。

　　自建雲能夠改變世界，但是要下很多無形、間接、未來的隱性面向功夫，必須要做很多新的嘗試與體驗，也要有等

待成果的耐性，所以需要強大的熱情。

過去，宏碁借重台灣設計代工廠的力量，去全球打天下；現在，要整合全台灣的硬體、軟體與服務能量，包含文創、APP產業裡，台灣年輕人的創意，到國際打天下。

我形容，二造新宏碁時，是從製造業變成硬體服務業，有了身心；三造時，結合硬體、軟體跟服務的新新宏碁，就是身心靈皆具備了！

企業不能再只講身心，還要多一個能夠主動進化的「王道靈魂」；這樣的趨勢，不會只發生在資通訊產業，因為未來是平台對平台、生態對生態的競爭。

▌風行草偃

組織變革最重要的，就是重塑組織文化。變革，一邊前進，一邊還要扭轉組織負的力量，這樣才不會抵消你所投入的心力。

負的力量，若只是財務赤字，比較容易解決；但當組織不得不變革時，往往是組織的思維與行為慣性需要被改變。實質上，這絕對不容易，因為思維跟行為，就是組織文化。

所以，領導人必須在組織裡塑造新的、對的價值觀，運

用機制，形成新的組織文化。譬如，建立一個六面向價值平衡的組織文化，除了溝通觀念，還要改變升遷、獎懲等機制，員工行為受到機制影響，組織文化就會慢慢調整。

未來，是平台對平台、生態對生態的競爭。

　　為了讓大家可以更有系統行王道，我特別規劃了「5×5」的王道變革行動（見表2）。

　　推動變革最怕的就是人心浮動，因此內部要先穩住，在變革期間的過渡管理，如何將內部溝通的共識進一步落實，是相當重要的工作。同時，還要全面啟動組織年輕化，落實傳承的機制。

■ 樂在傳承

　　王道領導人要把耕耘看成是很快樂的事，還要有開放的心胸能夠體認到，開花結果時不一定是由你收割，但為了永續發展用心，會覺得很有成就感。有長遠的思考，你的日子也會比較好過。

　　傳承，是組織很重要的核心能力；而且，不能只在高階領導者，各階層與部門都要落實傳承機制，這樣組織才能新

表2 「5×5」的王道變革行動

1. 引進王道的組織文化	重塑公司建立追求創造價值、利益平衡的王道組織文化	強調東方與西方的文化雙融	追求東方心法與西方方法	創業與專業	創新與紀律的文化雙融
2. 組織重整為五大事業群	五大事業群提拔年輕的幹部	全面啟動公司的傳承接班	將讓中生代負起重任	給予更多磨練的機會及舞台	建立傳承的機制
3. 組織運作的五大原則	價值鏈端到端（end to end）	時間軸由始到終（begin to end）	透明性（transparency）	問責（accountability）	one Acer，讓組織上下凝聚共識，盡快落實執行新的公司流程、組織架構、財務管理
4. 決策形成遵循5C原則	溝通（communication）	溝通（communication）	溝通（communication）	共識（consensus）	承諾（commitment）
5. 五大變革步驟不斷周而復始	塑文化	擬願景	定策略	調組織	採取行動

陳代謝。

傳承屬於隱性價值，管理者花的時間與精力可能會犧牲、占去追求顯性價值的比重，但為了組織能夠生生不息，不能只做顯性價值的事，而不未雨綢繆。組織傳承最好能像接力賽，棒子才不會掉。

現在，宏碁人都相信了，而且還以宏碁是一家王道企業為榮。

第九章

萬物智聯：
要物聯，
更要智聯

智慧，無所不在。

—— 施振榮

　　完成啟動三造的救火任務後，目前我在宏碁集團，只擔任自建雲首席建構師的顧問職。對內，我協助新新宏碁走出一條創造新價值之路；對外，我的夢想是帶領大家進入近在眼前的「雲紀元」。

　　過去講的雲，是遠在天邊；而自建雲，則是依據王道精神而生，它是多面向、多層次、分散式的生態，講求每個人與每個組織，都能擁有自己的近在眼前之雲。

▊ 文明因多元而豐富

　　多面向，指的是社會上每個人都有自己的智慧。譬如，農夫有栽種的智慧、醫師有醫療的智慧，大廚有料理的智慧，各行各業都有達人，大大小小的智慧存在於整個世界。智慧累積成生活，生活再累積成文化，人類的文明因多元文化而更豐富。

　　多層次，意思是個人、家庭、社團、公司等各種不同層次，所產生或需要的智慧都不同。目前大家在談的物聯網，資料是不分層次，期望全部集中，也專注於集中式的大數據分析，但未來應該要區分為不同層次，例如：工作與生活模式的轉換，當我在工作時，就不需要與工作無關的資訊或智

慧；當我在休假時，就只希望接收到與
生活相關的資訊或智慧。

> 這個世界應該建
> 立一個能夠分享
> 百花齊放智慧的
> 王道生態。

正因為多面向、多層次的特性，生
態系統最好是走向分散式結構。

自建雲讓大家都能擁有自己的智慧
雲，也參考別人的智慧雲來精進自己。這種分散式智慧雲，
會比美國把所有智慧都集中在中央雲，更順應人性。

■ 分享百花齊放的智慧

智，就是「撇步」。

每個人都有自己的「撇步」，不是只有大國、大企業的
智慧才叫智慧，這個世界應該建立一個能夠分享百花齊放智
慧的王道生態。

尤其，全球在物聯網的浪潮下，透過高度整合的全球網
路，讓萬物與每個人都能連結在一起，因物聯網興起的共享
經濟，則會改變現有產業與市場規則。

《物聯網革命》作者、全球未來學與著名經濟學家傑瑞
米・里夫金（Jeremy Rifkin）指出：「如果每個聯網都還是
各自為政，就不可能構成一個物聯網，也不可能實現智慧社

會與永續世界的願景。」

▌整合，王道領導人的必修課

　　智慧與永續，是全球物聯網世界能否早日來到的關鍵，而如何讓通訊、能源及物流這三個不同的網路系統，整合在一個平台，進而建立一個全新的智慧世界，則是未來王道領導人需要學習的課題。

　　過去，我常在演講裡提到，台灣的競爭力，應該是成為華人優質生活的典範。要達成這個目標，其中有兩大法寶：一是已經維繫台灣經濟命脈二十年的資通訊科技產業，二是下一波世界經濟發展重點的物聯網。

　　物聯網是透過網路基礎建設、感應器、穿戴式裝置、無線射頻識別（RFID）、伺服器、雲端中心等資通訊科技，整合通訊、能源與物流三大領域於單一平台上。

　　台灣在這些產業都具備厚實基礎，如果要打造「華人優質生活」品牌，只要能夠結合軟體、文化、服務，建立完整的商業機制，對擁有多元文化的台灣而言，存在極大優勢。

　　三造宏碁時我就在思考，處在物聯網時代，需要創造出什麼樣的價值？結果我發現，如果回歸於人（being）的存

有，與其強調萬物互聯的物聯網（Internet of Things, IoT），不如強調萬物智聯的智聯網（Internet of Beings, IoB）。

■ 萬物智聯

　　Things 是沒有生命的物體，Beings 則是指人。相較於物聯網是以資料數據為中心的物物相連，智聯網則是以使用者（人）為中心（見表3），透過雲端運算與智慧數據分析，更能洞察新需求。

　　智代表人的「智慧」，人既然是萬物之靈，智聯網能更具人性。我們希望，未來人能活得更像人，生命更有品質與意義。

　　我認為，智聯網是未來的大事（the next big thing），也是物聯網的進化。因為物聯網要能發揮最高效用，需要人的智慧與洞見。Google 搜尋能夠這麼快速，也是因為整個過程裡有「人」做好關鍵工作。

　　物聯網是以資料為王，是以物為中心的萬物聯網。全世界每天都會產生無數的資料（data），原來的思維，是把各種裝置的所有資料全部上傳到雲端，但裡面會有許多不需要的垃圾資料，全部混雜在一起，無法判讀資料的真正意義，中

表3 智聯網與物聯網的比較

	智聯網 （Internet of Beings, IoB）	物聯網 （Internet of Things, IoT）
倡議者	施振榮	Kevin Ashton MIT自動辨識中心創辦人之一
倡議啓動年	2015年	1999年
產業	各式智能聯網中心（硬體）、自建雲開發平台（軟體）、BYOC（服務）	網路基礎建設、感應器、穿戴式裝置、RFID
思維	以使用者（人）為中心	以數據資料為中心
方式	分散式儲存／分析／人工智慧	集中於巨型雲端，犧牲使用者的隱私
競爭	開放平台、互相整合	百家爭鳴，科技大廠紛紛投入，想發展自有生態，中國與美國享有先天的市場優勢
生態	眾人加智，利益平衡	因所需的規模與開發資源龐大，最後可能形成一家獨大、贏者通吃
結果	將造就許多大小贏家，共生共榮	八仙過海，各憑本事

央也會被淹沒、塞爆。

■ 透析真正有意義的資訊

　　所以，必須透過分類，如：不同領域、不同階層，分散處理，讓資料變成有意義的資訊（information）。例如：廠商分析資料後，根據有用的資訊，推出更精準滿足消費者需求的產品與服務。

　　有了資訊後，就能累積成知識（knowledge）；不同領域的知識結合起來，活用就能產生智慧（intelligence），也就是智聯網。

　　物聯網的演進，會讓人工智慧（AI）發展更為蓬勃。很多人在討論機器人會取代人類，我的感覺是兩者會互相依存；以智聯網的概念來看，人類在未來需要機器人，但人類最後不會被取代，因為洞見的產生還是要靠人。

　　洞見是更高層次的智慧，從真實的生活裡清晰察覺與理解事物的本質與智慧的菁華，需要具備全知的系統思考觀。

■ 曾經，大廠訂定遊戲規則

　　經過這樣的審慎思考就不難理解，物聯網與智聯網其實存在微妙的關聯。簡言之，智聯網是以物聯網為基礎架構，而兩者不同之處在於，智聯網是強調分散式，並且能互相整合的開放平台。

　　物聯網市場商機無限大，參與者眾多，雖然是百家爭鳴，但目前多屬單打獨鬥的狀態。一方面，物聯網領域相當廣泛，所需開發的資源龐大，像中國與美國就占有廣大市場的先天優勢；二方面，全球大廠，如：英特爾、微軟、蘋

果、Google、奇異公司（GE）、三星（Samsung）等，都積極參與，想形塑一個新的自有生態系統。

這也就意謂著，如果某家成為產業標準規格制定者的大廠不願意行王道，選擇贏者通吃，那對擁護這個大廠生態的其他參與者來說，最後很有可能無利可圖。以穿戴式裝置為例，對於只做手錶等裝置的廠商來說，若無法提供更高附加價值的物聯網服務，還是會落入傳統殺價的競爭模式。

▊ 未來，眾人加智一起打拚

可是，智聯網是王道生態的體現（Wangdao IoB Ecosystem），整個世界是由大家共創價值，建構一個利益平衡、共榮共存的機制，尊重各個國家文化、各種多元領域的智慧，而不是贏者通吃。所以，我形容，智聯網是「眾人加智，一起打拚」的產業生態。

正因如此，智慧也應該是分散式儲存。譬如說，一家大車廠蒐集一台車裡所有零組件的資訊，應用於改善使用者經驗、未來設計走向、安全維護等，這家車廠的智慧不是放在Google、蘋果，而是應該放在車廠的自建雲裡。

自建雲的每一朵雲，實際上就是智，有自己的智慧架

構，也能連結到公共的、別人的智慧，無須重複像Google、蘋果等大雲的智慧，因為只要連結，就能融入到大雲裡。

對台灣品牌廠而言，更存在一條新的發展道路。

台灣廠商在物聯網市場起飛之際，不但不能缺席，更要一改過往在手機與電腦產品為美國大廠「打工」的經營方式；透過雲服務與結盟，以共創價值的方式參與，創造更高的附加價值，才能為產業轉型奠定基礎。

■ 以人為本，利益平衡

2015年2月24日，是新新宏碁誕生日，而我也在同一天，提出智聯網的概念。

新新宏碁的使命，就是邀請所有利益相關者，共創王道智聯網生態，希望能在未來，建立起一個可造就大小贏家的生態圈。我出面號召，由智榮基金會與德國業界籌組成立王道聯盟（Wangdao Alliance），搭建起歐亞物聯網合作新平台，並舉辦「物聯網歐亞高峰論壇」（ExA Summit）活動，台灣有宏碁、台積電、聯發科、中華電信等，德國參與者則有BMW、Bosch創新實驗室、德國電信、德國銀行IBB、德國媒體公司Axel Springer等，一同參與活動。

　　我之所以選擇與歐洲合作，是因為他們不認同美國文化中的贏者通吃，反倒更認同王道思維。像歐盟反壟斷機構對Google歐洲搜尋業務提起「反壟斷」訴訟；德國汽車產業在移動物聯網（車聯網）領域裡，也不想受制於Google，因為未來車廠的差異化競爭是在軟體與服務，如果無法擁有自己的智慧雲，商機就會掌控在別人手中。

　　我也在歐亞論壇中分享王道經驗，以及向外界闡述「物聯網是產業大趨勢，但若僅是沒有智慧的物聯網，也無法真正利益人群，因此，發展智聯網才是關鍵」的觀點。

■ 串連全球各角落

　　在物聯網時代，要以人為本，萬物智聯，才能洞見需求所在，創造最高的價值。

　　新新宏碁的智聯網布局，是以各種硬體的智能裝置為主，結合宏碁自建雲開發平台的軟體與自建雲的服務，扣緊新新宏碁的「硬體＋軟體＋服務」商業模式。

　　智慧，不但無所不在，還會不斷增長，一直產生新的智慧，因而我把新產品分別命名為「超智」（aBeing Pro）與「悟智」（aBeing），自建雲的標誌人物也以《西遊記》裡的

齊天大聖孫悟空與他的斛斗雲為靈感，發展品牌形象。

　　超智與悟智，是我們為了雲端服務推出的產品。原因是物聯網時代，每家公司都希望能夠進化為雲端服務模式，每個家庭也希望轉換為智慧生活。我把這些，稱之為自建雲的雙智，宏碁是以立足台灣、放眼國際的角度，努力在王道智聯網生態裡耕耘，期望能在全球掌握一個關鍵位置，創造未來的價值。

單一平台，共創價值

　　超智系列產品，是以通訊為最主要應用的平台，如：雲端交換機，提供許多新通訊功能，並可運用整合式溝通及協同合作（unified communication & collaboration, UC & C）的軟體技術，整合電話、桌機、手機與行動裝置等，把全球任一個角落的智慧，瞬間連結起來，進行任何形式的傳輸交換，替使用者大幅減少費用，也協助企業升級為行動辦公室。

　　悟智系列產品，則是希望能夠協助不同產業創造智慧，像是整合式智能中心，有助於使用者在雲端服務上變得更有效、更有價值，以及創造更優質的生活。產品是一台由小到大的電腦系統，配合宏碁雲端開放平台（Acer open platform,

AOP）3.0作業系統，以及自建雲的雲端服務，構成物聯網的開發及初期營運平台。依循王道思維，宏碁雲端平台3.0是利益平衡、共創價值的開放平台機制，這和許多美國企業想要贏者全拿的想法，截然不同。

另外，開發者能在宏碁雲端平台的開放式架構上，不斷創新與創值，讓開發者與服務商共享利潤，達到利益平衡。

■ 手握機密天書的悟空

除此之外，還有個關鍵問題，就是當萬物與人互聯之後，全球進入一個虛擬的公共空間，個人隱私與資訊安全，也要在公開透明的聯網世界裡，取得平衡。

物聯網是所有的電子裝置經由網路連結與溝通，不經過使用者，直接進行動作，過程中牽涉到使用者的隱私權。

由於宏碁的自建雲環境是以高度安全通訊技術，溝通、整合並分享訊息，因而有效解決隱私問題。

想像一下，自建雲服務就如孫悟空拿了機密的天書，使命必達完成雲端服務。

《西遊記》中的孫悟空，擁有七十二變幻化能力，腳踏斛斗雲，騰空一躍便是十萬八千里；而宏碁自建雲的吉祥物

ab 大聖（abWuKong），他的法寶就是宏碁無縫連接的自建雲及配套的 abApps，跨設備、平台與網路，無遠弗屆。

▌王道，根本之道

事實上，以自建雲、智聯網、New C&C 做為宏碁集團的布局，背後最根本之道，就是王道，都是以創造價值、利益平衡、永續經營三大核心精神，貫穿集團的新舊事業體，再深植為企業文化。

一位王道領導人的終極目標，應該是要思考，如何為所有利益相關者創造價值、如何替產業建構利益平衡、生生不息的機制、如何讓人類文明持續進化，在競爭過程中，行王道，不斷做到處動態、辨衡點、調利益。

我也相信，共榮並存的王道，未來能夠吸引更多的合作夥伴加入王道行列，共同建構符合永續發展的產業生態。待累積足夠的能量後，攜手擴展為一門新顯學，在雲世紀做出具體的貢獻。

正如我在本書開頭所說，王道，是我這輩子都在實踐的真理，希望，未來有更多的王道人，因為行王道，實現生命的最大價值，體現身而為人的意義。

為社會創造更多隱性價值

　　我在2004年退休後，就全心投入智榮基金會，希望為台灣永續發展與競爭力，盡一份心力。

　　智榮基金會是在1988年就成立，以經營社會企業的理念，陸續成立標竿學院、王道薪傳班、王道創值中心、龍吟華人市場研發論壇中心，用這四大專案計畫，長期培育社會所需的未來人才，期望能做出兼顧六面向價值的貢獻。

　　人才，需要舞台；舞台，更不能沒有人才。標竿學院，投入培育企業變革與國際化人才；王道薪傳班，培育跨國企業領導人；王道創值中心，培育中小企業的品牌國際化人才；以往，全球研究生活趨勢都是以西方為本，龍吟華人市場研發論壇中心（龍吟研論）則是以華人為目標，研究未來趨勢，引導產業價值鏈的發展方向。

　　我一直有個願景，就是要讓台灣成為華人優質生活創新應用中心。2014年，龍吟研論也發表了未來五到十年華人

未來生活三大巨趨勢，分別是回甘生活、伴獨生活與網絡生活，依據此三大巨趨勢也包含未來九個重要的發展商機（見下文）。

　　一個文明社會要進步，不能忽視隱性價值。因此，除了四大計畫，智榮基金會更舉辦論壇，如：王道論壇、王道經營會計學論壇、華人幸福創新論壇、醫療機構CEO論壇、物聯網歐亞高峰論壇（ExA Summit）等，希望影響更多人，為永續世界而努力。2015年，還推出王道影音網站、王道創值兵法、王道案例文集，把王道思維化為具體的競爭力策略，有效落實於企業經營中。

▌支持公益，縮短落差

　　為社會創造更多隱性價值，是社會企業的使命之一，包括參與、支持社會公益。

　　因此，我們也長期關注與支持多項公益活動，例如：贊助第二階段APEC數位機會中心（ADOC 2.0），縮減數位落差、公視《看見更好的台灣》、雲門流浪者計畫暨校園講座、神行少年lighting美髮訓練計畫、彰化縣向陽計畫與濟貧計畫、台東偏鄉學童醫療健診計畫、卓蘭實踐國高中舞龍

隊等。

　由於我還擔任國藝會董事長，智榮基金會也更積極投入藝術文化的公益活動，如：支持鳳甲美術館藝文推廣計畫、國藝會「產業文創加值播種推廣計畫」暨「創薪薈」隊贊助計畫等。

　我在高中時，曾獲得數理領域的「愛迪生獎」，給我很大的鼓勵，我認為，一個人若能在高中時期建立起實驗與創意精神，日後受用無窮，因而回饋母校彰化高中，成立施振榮實驗與創作基金，激發學弟妹們的多元創意與思考能力。

　2014年12月18日是我的七十歲生日。所謂人生七十又一回，我要過更王道的人生，向世界推行王道思維，變成我的新人生使命，也是智榮基金會持續努力的目標。

未來的九大商機

　1. 尊嚴商機：長者可以在維護使用者尊嚴下達到行動、日常生活與居住上的獨立自主，如：不顯老的隱形輔具、非單純被照護的養生村。

2. 抗老商機：成功老化的人生需要回甘的快樂滋味，從初老開始，就需要腦袋與外表抗老的相關服務與商品，男性熟齡市場尤其後勢看俏。

3. 分享商機：長者喜歡保存與分享人生記憶與智慧，需要更簡易、靈活操作的記憶與分享科技。

4. 健康商機：大量的健康資訊讓每個人及早注意並預防生理狀況，從追求安心自烹環境、隨著生理弱化可彈性運用的多功能廚房，到運動健康的均衡商機，都是潛力無限的發展方向。

5. 獨處商機：在高壓社會下，個人需要實體與虛擬的獨處時空，運用更多的創意，實現在群體中獨處的可能。

6. 陪伴商機：兩岸都有人際缺口的陪伴商機，台灣缺乏社交廣度，大陸缺社交深度，如何協助尋找志同道合又能兼顧兩岸獨處需求的伴，也是待解的問題。

7. 社交商機：我們夠了解彼此嗎？跨世代需要虛擬與實體溝通的社交解決方案，協助親子增進感情與表達關懷。

8. 互助商機：活躍的銀髮族能為社區互助體系開展契機，長者亦能證明自己老有所用。

9. 安心商機：因食安問題產生的信任危機，衍生出以新鮮為核心，兼顧美味、便利、新鮮與安全的安心商機。

後記
我的王道人生

葉紫華

　　熟知我們的人都知道，我跟施先生有四個孩子；從 1973 年開始，一年一個，1976 年創立的宏碁，排行老四。那段時間，每天高速運轉，白天忙「老四」，下班後，再忙兩個兒子與小女兒；等孩子們睡了，做家事時，腦袋跟雙手一起動，又想著公司的事。

　　我不像一般人印象裡光鮮亮麗的董娘，施先生跟我沒什麼物質欲望，生活也簡單。只是這幾年，我跟著他變得更忙了；除了負責家事與張羅施先生的三餐，公事變成更廣大的公益事，還要陪著這位國藝會董事長到處看戲、欣賞表演。

　　我常覺得，人別把自己放太高，高處不勝寒，下面的世界比較好玩；每個人都有他的價值，每個工作也都能創造價值，千萬不要因為是接線生或警衛，就妄自菲薄，宏碁也有不少表現優秀的接線生，被拔擢到線上，甚至是擔任主管。

　　主管有責任啟發員工創造價值，員工有責任提升自我價

值，這樣人生才是彩色的。

　　領導人也不要自認厲害，每個人的一天就是二十四小時，三個人只要各花八小時，就能抵過一人，我很相信，三個臭皮匠勝過一個諸葛亮的道理。尤其現代社會，要成功，不可能靠個人，一定要有共創價值的王道思維。

　　我曾擔任宏碁財務長，管過進出口、物料、會計、稽核等後勤部門。說實話，一個人不可能懂得那麼多專業，老闆（施先生）又時常有很多的創意，需要後勤部門去執行，我就找大家一起來解決問題。

　　不諱言，老闆娘的身分，讓我能「橫行」組織，我又是不按牌理出牌的人，很像游擊隊，主要任務就是整合者，打破部門界限，集眾人之力，共創價值。最近，我才知道自己是巨蟹座，難怪懂得「橫著」走路。

　　宏碁經過幾次上下起伏，穩固的後勤也是走過變革的關鍵之一。

　　員工辛苦時，要創造家的感覺，宏碁早期員工都做很久，也跟我很親近，還會管我，外人看到我們的相處方式，可能會有沒大沒小之感。內部溝通不順暢時，我就會幫他們「疏通」，請示老闆，施先生老虧我說：「妳為什麼每件事都說很急？」其實我只是要引起他的注意，請他幫忙出點主意。

　　要共創價值，就不要計較，這樣才能利益平衡，走得長遠。施先生的思考模式，習慣要兼顧大家的利益平衡，始終如一；我進入宏碁工作後，也特別能感受到，在團隊裡，人不能太自我，否則成不了事。

　　有些人會把自己的利益看得太重，套句施先生的名言：「利他，是最好的利己！」我下半場人生投入非營利組織的時間居多，我很幸運，擁有資源，但把它們握在手上，就不王道了，因為無法創造更高的價值。

　　於是，我從公司的整合者，變成社會的媒合者，結合手頭資源以及願意做事、有使命感的有志之士，大家共創價值，基金會有不少公益專案都是這樣運作的。

　　同樣，台灣的未來也需要靠大家合作，共創價值，期待能有更多利他心的王道人！

（本文作者為智榮基金會執行長）

附錄
施振榮的人生里程碑

1976年：當選全國十大傑出青年。

1981年：當選全國優秀青年工程師、青年創業楷模。

1983年：當選第一屆世界十大傑出青年。

1987年：獲美洲中國工程師學會頒發「中國工程師傑出成就獎」。

1988年：獲中華民國管理科學會授與「管理獎章」、中國工程師學會頒發「工程獎章」。

1989年11月15日：獲《亞洲金融》雜誌評選為「年度亞洲企業領袖」。

1989年：獲《財富》雜誌評選為「與亞洲做生意不可不認識的二十五位人物」之一。

1990年：獲頒國立交通大學傑出校友。

1992年：獲頒國立交通大學名譽博士。

1993年：獲台灣《商業周刊》頒發「尊爵獎」。

1994年：獲頒馬來西亞檳洲拿督爵位。

1995年6月20日：當選美國《金融世界》雜誌當年度「國際企業總裁」之一。

1995年7月：獲《世界經理人文摘》推選為「全球十五位最能創造時勢的企業家」之一。

1995年：獲國際媒體協會（IMP）與荷蘭荷興銀行（ING）評選為「年度新興市場最佳企業總裁」。

1996年1月8日：獲美國《商業週刊》評選為「全球二十五位最傑出的企業管理者」之一。

1996年7月10日：當選美國《商業週刊》封面人物。

1996年7月25日：當選《遠東經濟評論》封面人物。

1997年11月7日：當選《亞洲週刊》年度「企業風雲人物」。

1997年12月8日：當選《財富》雜誌封面人物。

1997年：獲頒香港理工大學名譽博士、獲香港蔣氏工業慈善基金會頒發「蔣氏科技成就獎」。

1998年：獲美國南加大頒發「國際傑出企業家獎」。

1999年：獲國際企業學院（The Academy of Int'l Business）頒發「年度跨國企業經理人獎」、美國《電腦零售商新聞》雜誌與電腦博物館（The Computer Museum）聯合頒發

「年度資訊界風雲人物」。

　　2000年：《亞洲週刊》評選為「二十五位推動數位化的菁英」之一。

　　2001年5月24日：當選《遠東經濟評論》封面人物。

　　2002年：獲亞洲基金會（The Asia Foundation）頒贈「田長霖傑出貢獻獎」。

　　2003年：獲經濟部頒發「推廣台灣國際品牌特別貢獻獎」。

　　2004年6月：獲台北國際電腦展（Computex Taipei）頒授特殊貢獻感謝獎牌，感念二十年前為展會命名。

　　2004年7月12日：獲美國《商業週刊》評選為年度「亞洲之星」。

　　2004年：接受美國探索（Discovery）頻道「名人心路歷程：施振榮」一小時專輯訪問。

　　2006年：獲美國《時代》雜誌評選為六十週年「亞洲之星」。

　　2007年：代表總統出席第十五屆亞太經濟合作會議（APEC）領袖會議。

　　2010年：獲頒第四屆「潘文淵獎」終身成就獎、《遠見》雜誌第八屆「華人企業領袖終身成就獎」。

2011年：獲頒國家二等景星勛章。

2012年：獲頒工業技術研究院院士。

2015年：出版王道創值兵法系列套書，推廣王道應用。

財經企管 556

新時代 ‧ 心王道

創造價值 ‧ 利益平衡 ‧ 永續經營

Wangdao for New Era

作者 —— 施振榮
採訪整理 —— 林靜宜
總編輯 —— 吳佩穎
主編 —— 李桂芬
責任編輯 —— 羅玳珊、李美貞（特約）
封面與內頁設計 —— 周家瑤

出版者 —— 遠見天下文化出版股份有限公司
創辦人 —— 高希均、王力行
遠見‧天下文化‧事業群董事長 —— 高希均
事業群發行人／CEO —— 王力行
天下文化社長 —— 林天來
天下文化總經理 —— 林芳燕
國際事務開發部兼版權中心總監 —— 潘欣
法律顧問 —— 理律法律事務所陳長文律師
著作權顧問 —— 魏啟翔律師
社址 —— 台北市 104 松江路 93 巷 1 號 2 樓
讀者服務專線 ——（02）2662-0012
傳真 ——（02）2662-0007；2662-0009
電子信箱 —— cwpc@cwgv.com.tw
直接郵撥帳號 —— 1326703-6 號　遠見天下文化出版股份有限公司

電腦排版 —— 立全電腦印前排版有限公司
製版廠 —— 東豪印刷事業有限公司
印刷廠 —— 祥峰印刷事業有限公司
裝訂廠 —— 聿成裝訂股份有限公司
登記證 —— 局版台業字第 2517 號
總經銷 —— 大和書報圖書股份有限公司　電話／(02)8990-2588
出版日期 —— 2015 年 8 月 31 日第一版
　　　　　　2020 年 4 月 22 日第一版第 3 次印行

定價 —— 220 元
ISBN —— 978-986-320-770-2
書號 —— BCB556
天下文化官網 —— bookzone.cwgv.com.tw
本書如有缺頁、破損、裝訂錯誤，請寄回本公司調換。
本書僅代表作者言論，不代表本社立場。

國家圖書館出版品預行編目(CIP)資料

新時代‧心王道：創造價值.利益平衡.永續經營 /
施振榮著；林靜宜採訪整理. -- 第一版. -- 臺北市：
遠見天下文化, 2015.08
　　面；　公分.-- (財經企管；556)
ISBN 978-986-320-770-2(平裝)

1.企業管理

494　　　　　　　　　　　　　　104010724

天下·文化
BELIEVE IN READING